服装高等教育"十二五"部委级规划教材（本科）

U0259171

Illustrator服装款式设计与案例精析

陈良雨　陆琰　闫晶　编著

中国纺织出版社

内 容 提 要

本书是服装高等教育"十二五"部委级规划教材。本教材分步骤介绍了Illustrator软件的应用基础；服装款式设计基础；Illustrator服装基本款式绘制；半截裙、裤装、衬衫、西装、夹克、大衣、罩衫、礼服裙、棉服与羽绒服等服装款式设计及其Illustrator经典案例绘制精析等内容。本书的特色在于将服装款式设计与计算机软件绘制紧密地融为一体，打破了以往款式设计与计算机款式绘制教材互为独立的教学方式，使得教材更有针对性、实用性。

本书既可作为高等院校服装设计专业学生的教材，也可作为服装从业人员及服装设计爱好者的学习和参考用书。

图书在版编目（CIP）数据

Illustrator 服装款式设计与案例精析 / 陈良雨，陆琰，闫晶编著 . -- 北京：中国纺织出版社，2016.1（2017.10重印）
服装高等教育"十二五"部委级规划教材 . 本科
ISBN 978-7-5180-2096-6

I.① I…　II.① 陈…　② 陆…　③ 闫…　III.①服装款式—计算机辅助设计—图形软件—高等学校—教材　IV.①TS941.26

中国版本图书馆 CIP 数据核字（2015）第 258959 号

策划编辑：张 程　责任编辑：魏 萌　责任校对：楼旭红
责任设计：何 建　责任印制：王艳丽

中国纺织出版社出版发行
地址：北京市朝阳区百子湾东里A407号楼　邮政编码：100124
销售电话：010 — 67004422　传真：010 — 87155801
http://www.c-textilep.com
E-mail:faxing@c-textilep.com
中国纺织出版社天猫旗舰店
官方微博 http://weibo.com/2119887771
三河市宏盛印务有限公司印刷　各地新华书店经销
2016年1月第1版　2017年10月第2次印刷
开本：787×1092　1/16　印张：17.75
字数：135千字　定价：45.00元

凡购本书，如有缺页、倒页、脱页，由本社图书营销中心调换

出版者的话

《国家中长期教育改革和发展规划纲要》中提出"全面提高高等教育质量","提高人才培养质量"。教高〔2007〕1号文件"关于实施高等学校本科教学质量与教学改革工程的意见"中,明确了"继续推进国家精品课程建设","积极推进网络教育资源开发和共享平台建设,建设面向全国高校的精品课程和立体化教材的数字化资源中心",对高等教育教材的质量和立体化模式都提出了更高、更具体的要求。

"着力培养信念执着、品德优良、知识丰富、本领过硬的高素质专业人才和拔尖创新人才",已成为当今本科教育的主题。教材建设作为教学的重要组成部分,如何适应新形势下我国教学改革要求,配合教育部"卓越工程师教育培养计划"的实施,满足应用型人才培养的需要,在人才培养中发挥作用,成为院校和出版人共同努力的目标。中国纺织服装教育协会协同中国纺织出版社,认真组织制订"十二五"部委级教材规划,组织专家对各院校上报的"十二五"规划教材选题进行认真评选,力求使教材出版与教学改革和课程建设发展相适应,充分体现教材的适用性、科学性、系统性和新颖性,使教材内容具有以下三个特点:

(1)围绕一个核心——育人目标。根据教育规律和课程设置特点,从提高学生分析问题、解决问题的能力入手,教材附有课程设置指导,并于章首介绍本章知识点、重点、难点及专业技能,增加相关学科的最新研究理论、研究热点或历史背景,章后附形式多样的思考题等,提高教材的可读性,增加学生学习兴趣和自学能力,提升学生科技素养和人文素养。

(2)突出一个环节——实践环节。教材出版突出应用性学科的特点,注重理论与生产实践的结合,有针对性地设置教材内容,增加实践、实验内容,并通过多媒体等形式,直观反映生产实践的最新成果。

(3)实现一个立体——开发立体化教材体系。充分利用现代教育技术手段,构建数字教育资源平台,开发教学课件、音像制品、素材库、试题库等多种立体化的配套教材,以直观的形式和丰富的表达充分展现教学内容。

教材出版是教育发展中的重要组成部分,为出版高质量的教材,出版社严格甄选作者,组织专家评审,并对出版全过程进行跟踪,及时了解教材编写进度、编写质量，力求做到作者权威、编辑专业、审读严格、精品出版。我们愿与院校一起，共同探讨、完善教材出版，不断推出精品教材，以适应我国高等教育的发展要求。

中国纺织出版社
教材出版中心

前　言

　　服装款式相对于面料与色彩，是服装设计师进行服装设计表达时最主要的表现载体。当今的服装设计领域，计算机信息化设计已普及，采用计算机软件进行服装款式设计与绘制是服装设计师必备的专业素质。

　　目前，服装设计绘制的应用软件主要为Photoshop、Illustrator、CorelDRAW以及一些服装CAD公司开发的软件。Photoshop为位图软件，结合各种笔触效果，非常适合用于服装着装效果与服装插画等形式的表现。Illustrator、CorelDRAW为矢量图软件，更适合用于以线描为主要表现形式的服装款式设计，在款式绘制上更为严谨与准确，所以在服装公司用于生产指导的服装款式平面设计图基本上都以矢量图软件为主。其中，Illustrator软件由于与Photoshop同属Adobe软件开发公司，拥有更为便捷的兼容性和色彩显示统一性，而且Illustrator各版本之间的融合性更强，Illustrator在计算机服装款式绘制的应用领域越来越广泛。而相对于现今服装行业中应用较为普遍和成熟的CorelDRAW服装款式绘制的图书而言，Illustrator方面的书籍尤其是教材较少，使得本教材具有较强的教学与实用价值。

　　本书的特色在于将服装款式设计与计算机软件绘制紧密地融为一体，打破了以往款式设计与计算机款式绘制教材互为独立的教学方式，使得教材更有针对性、实用性。

　　本教材在编写上，先对Illustrator软件的应用基础与服装款式设计基础进行介绍，然后对Illustrator服装基本款式绘制进行详细地讲解，服装基本款式包括：半截裙、裤装、衬衫、西装、夹克、大衣、罩衫、礼服裙、棉服与羽绒服等，囊括了现今服装市场上的大部分服装款式，最后，再在以上9个基本款的基础上，结合最新的流行趋势进行服装款式设计介绍，其中每一个款式设计都选择一款经典款式进行案例精析，进一步巩固利用软件进行款式设计绘制的方法与技巧，另外，还对服装色彩、面料设计填充、服装辅料绘制、特殊材料肌理的模拟等内容进行拓展，在Illustrator软件掌握上不再局限于款式的设计绘制，更加方便学生们利用软件进行更为准确和多样的服装设计表达。

　　需要说明的是，服装款式设计具有强烈的时尚性，体现鲜明的流行趋势和时代风貌，由于教材出版具有一定的周期性，所以各位读者在进行教材学习时，一定要针对当下的最新流行趋势，结合Illustrator软件进行服装款式的学习拓展，做到与时俱进。

本教材在撰写过程中，得到中国纺织出版社编辑们尤其是张程编辑的大力支持与帮助，另外，我校2010级、2011级、2012级学生提供了部分作品支持，在此一并致谢。

由于本书的作者水平有限，书中难免存在不足和疏漏之处，还望行业专家与读者们批评指正。

编著者

2015年6月

教学内容及课时安排

章/课时	课程性质/课时	节	课程内容
第一章 （4课时）	基础知识 （8课时）		**· Illustrator CS6 软件基础**
		一	Illustrator CS6 简介
		二	Illustrator CS6 工作界面
		三	Illustrator CS6 基本操作
		四	Illustrator CS6 绘图工具
第二章 （4课时）			**· 服装款式设计基础**
		一	服装廓型设计
		二	服装结构设计
		三	服装局部设计
第三章 （8课时）	基本技法 （8课时）		**· Illustrator 服装基本款式绘制**
		一	半截裙基本款式绘制
		二	裤装基本款式绘制
		三	衬衫基本款式绘制
		四	西装基本款式绘制
		五	夹克基本款式绘制
		六	女大衣基本款式绘制
		七	针织罩衫基本款式绘制
		八	礼服裙基本款式绘制
		九	羽绒服基本款式绘制
第四章 （4课时）	应用理论与训练 （32课时）		**· Illustrator 半截裙款式设计**
		一	半截裙款式廓型设计
		二	半截裙款式结构设计
		三	半截裙款式局部设计
		四	半截裙款式设计案例精析
第五章 （4课时）			**· Illustrator 裤装款式设计**
		一	裤装款式廓型设计
		二	裤装款式结构设计
		三	裤装款式局部设计
		四	裤装款式设计案例精析
第六章 （4课时）			**· Illustrator 衬衫款式设计**
		一	衬衫款式廓型设计
		二	衬衫款式结构设计
		三	衬衫款式局部设计
		四	衬衫款式设计案例精析

章/课时	课程性质/课时	节	课程内容
第七章 （4课时）			· **Illustrator 西装款式设计**
		一	西装款式廓型设计
		二	西装款式结构设计
		三	西装款式局部设计
		四	西装款式设计案例精析
第八章 （4课时）			· **Illustrator 夹克款式设计**
		一	夹克款式廓型设计
		二	夹克款式结构设计
		三	夹克款式局部设计
		四	夹克款式设计案例精析
第九章 （4课时）			· **Illustrator 大衣款式设计**
		一	大衣款式廓型设计
		二	大衣款式结构设计
		三	大衣款式局部设计
	应用理论与训练 （32课时）	四	大衣款式设计案例精析
第十章 （4课时）			· **Illustrator 罩衫款式设计**
		一	罩衫款式廓型设计
		二	罩衫款式结构设计
		三	罩衫款式局部设计
		四	罩衫款式设计案例精析
第十一章 （2课时）			· **Illustrator 礼服裙款式设计**
		一	礼服裙款式廓型设计
		二	礼服裙款式结构设计
		三	礼服裙款式局部设计
		四	礼服裙款式设计案例精析
第十二章 （2课时）			· **Illustrator 棉服与羽绒服款式设计**
		一	棉服与羽绒服款式廓型设计
		二	棉服与羽绒服款式结构设计
		三	棉服与羽绒服款式局部设计
		四	棉服款式设计案例精析

注　各院校可根据自身的教学特点和教学计划对课程时数进行调整。

目录

Illustrator服装款式设计与案例精析——

Illustrator CS6软件基础

教学内容： 1. Illustrator CS6简介

2. Illustrator CS6工作界面

3. Illustrator CS6基本操作

4. Illustrator CS6绘图工具

课程课时： 4课时

教学目的： 让学生掌握Illustrator CS6软件的基本操作。

教学方式： 实操演示，现场辅导。

教学要求： 1. 了解Illustrator CS6软件及在服装款式设计中的应用。

2. 熟悉Illustrator CS6工作界面。

3. 掌握Illustrator CS6软件的基础与常用操作。

课前准备： 需计算机机房上课，计算机需要预装Illustrator CS6软件。

第一章　Illustrator CS6软件基础

第一节　Illustrator CS6简介

　　Adobe Illustrator 是Adobe系统公司推出的基于矢量的图形制作软件。广泛应用于印刷出版、专业插画、多媒体图像处理和互联网页面的制作等，也可以为线稿提供较高的精度和控制，适合生产任何小型到大型设计的复杂项目。Illustrator的稳定性非常高，可以无缝地在Adobe系列软件中切换，由于与行业领先的 Adobe Photoshop、InDesign、After Effects、Acrobat及其他更多产品的紧密结合，使得设计项目能从设计到打印或数字输出得以顺利地完成。

　　Illustrator软件借助精准的形状构建工具、流体和绘图画笔以及高级路径控件，运用强大的性能系统所提供的各种形状、颜色、复杂的效果和丰富的排版，能自由进行各种创意表现，精准传达设计者的创作理念，非常适合应用于服装工业生产的服装款式效果图的绘制。

第二节　Illustrator CS6工作界面

　　Illustrator CS6软件安装完成后，执行"开始→所有程序→Illustrator CS6"命令或者双击桌面的快捷图标，即可进入Illustrator CS6的工作界面（图1-1）。工作界面主要包括菜单栏、控制栏、工具箱、面板、编辑区等。

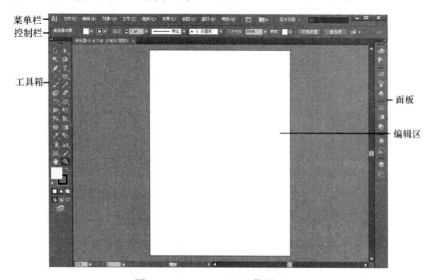

图1-1　Illustrator CS6工作界面

一、菜单栏

Illustrator CS6软件的大部分命令都放置在菜单栏里，软件主要功能都可以通过执行菜单栏中的命令来完成。在菜单栏中包括文件、编辑、对象、文字、选择、效果、视图、窗口、帮助等9个功能菜单（图1-2）。

图1-2 菜单栏

二、控制栏

控制栏在无文档操作时为空白状态，当编辑区有文档时，在控制栏会显示所选择文档的相关属性，并能对相关属性数据进行设置，使所选择的对象产生相应的变化（图1-3）。

图1-3 控制栏

三、工具箱

工具箱用于放置经常使用的编辑工具，并将近似的工具以展开的方式归为工具组，我们在进行图形绘制时所用到的相关工具大多可在工具箱中选择（图1-4）。

四、面板

面板包括多个子面板，单击面板上方的小三角，可将面板展开，显示出各种面板的控制区，即可进行色彩、描边等多种功能的编辑（图1-5）。

图1-4 工具箱   图1-5 面板

第三节 Illustrator CS6基本操作

一、新建文件

在运行软件后，执行菜单栏中的"文件→新建"命令，即可弹出"新建文档"对话框（图1-6）。在对话框中，设置新建文档的各个属性，点击"确定"。

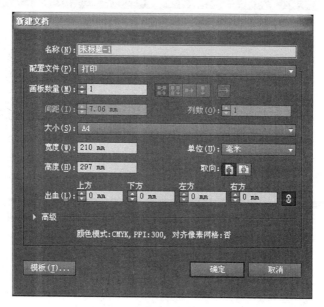

图1-6 "新建文档"对话框

二、打开已有文件

在运行软件后，执行菜单栏中的"文件→打开"命令，即可弹出"打开"对话框（图1-7）。对话框下方的"文件类型"内可以设置所需文件类型，以缩小查找范围，找到所需文档后，点击"打开"即可打开所需文件。

三、存储文件

需要将制作完成或制作过程中的文件进行存储，执行菜单栏中"文件→存储"或者"文件→存储为"命令。随即弹出"存储为"对话框（图1-8）。注意选择"保存类型"为Adobe Illustrator(*AI)，最后点击"保存"。

四、导出文件

需要将制作完成或制作过程中的文件导出为其他类型的文件，执行菜单栏中的"文件→导出"命令，随即弹出"导出"对话框（图1-9），选择保存类型后点击"保存"。

图1-7　"打开"对话框

图1-8　"存储为"对话框

图1-9　"导出"对话框

第四节　Illustrator CS6绘图工具

一、辅助工具设置

1. **标尺**：执行菜单栏中的"视图→标尺→显示标尺"命令，可在编辑区的左、上方显示出标尺，便于在页面绘制图形时，随时精确调整对象的位置和大小，并且还可以根据情况调整标尺的坐标原点。

2. **辅助线**：辅助线可以从标尺位置随意拖拽到页面中的任何位置，用于精确设置位置，方便对象的准确定位。可以执行菜单栏中的"视图→参考线"命令，对参考线进行隐藏、锁定、释放、清除等操作（图1-10）。

图1-10　辅助线命令

3. **网格**：网格是分布在页面中有规律、等距的参考点或者线，利用网格可以将图像精确调整到需要的位置或者精确把握图像的大小。

二、选择、缩放与移动

1. **选择**：选择工具箱中的【选择工具】![pointer]，可以对单个或多个对象进行选取、缩放和移动。选择单个对象时，直接在对象上单击鼠标左键即可；选择多个对象时，可以按住鼠标左键不放框选多个对象，或者按住"Shift"键的同时，鼠标依次点击需要选择的多个对象（图1-11）。

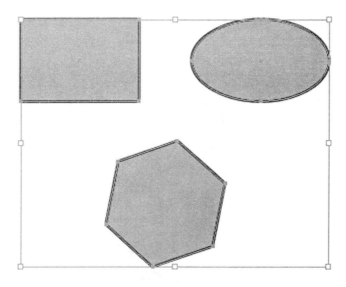

图1-11 选择多个对象

2. **缩放**：选择工具箱中的【选择工具】![pointer]，选择需要进行缩放的对象，将鼠标移至需要进行缩放方向的路径上（图1-12），按住鼠标不动，拖动鼠标即可将对象进行缩放，如果按住"Shift"的同时拖动鼠标，可以等比例缩放对象。

3. **移动**：选择工具箱中的【选择工具】![pointer]，选择需要进行移动的对象，将鼠标移至需要移动对象上，鼠标符号变为![pointer]，即可按住鼠标左键不放，自由移动对象到目标位置。

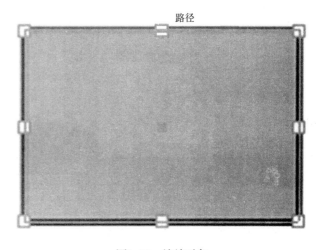

图1-12 缩放对象

三、复制与编组

1. **复制**：选择工具箱中的【选择工具】，选择需要进行复制的对象，执行菜单栏中的"编辑→复制"命令，然后再执行菜单栏中的"编辑→粘贴"命令，即可将对象进行复制。或者连续执行快捷键"Ctrl+C"与"Ctrl+V"也可完成对象的复制。

2. **编组**：该操作可将多个对象群组在一个组中，便于进行统一操作。用工具箱中的【选择工具】将需要编组的多个对象按照前面的方法进行选择后，单击鼠标右键，弹出命令选项（图1-13），选中"编组"，即可将多对象群组在一个组中。

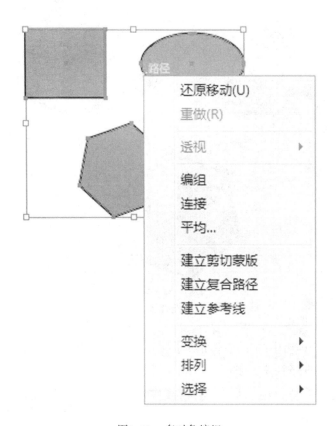

图1-13　多对象编组

四、填充与描边

1. **填充**：用工具箱中的【选择工具】选择路径闭合的对象，在工具箱中双击【填色】按钮，弹出拾色器（图1-14），选择所需的颜色即可进行颜色的填充。

2. **描边**：用工具箱中的【选择工具】选择一对象，在工具箱中双击【描边】按钮，弹出"拾色器"对话框，选择所需的颜色即可给对象形状周围的轮廓进行描边填色。

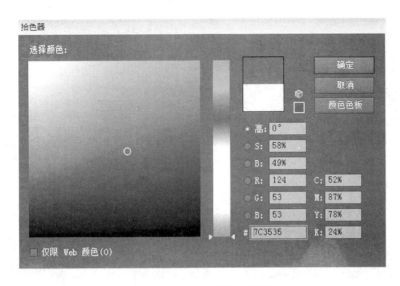

图1-14 "拾色器"对话框

五、绘制直线和曲线

1. **直线绘制**：选择工具箱中的【直线段工具】 ╱，在编辑区内按住鼠标左键不放拖动鼠标则绘制出一直线（图1-15）。如按住"Shift"键的同时，拖动鼠标，则能绘制出水平直线、垂直直线和45°角的斜线（图1-16）。在绘制之前，在绘图区空白处单击鼠标弹出"直线段工具选项"对话框（图1-17），在对话框内对直线段的"长度"和"角度"进行设置。另外，选择【直线段工具】后，可在控制栏中对直线段的颜色和粗细属性进行设置（图1-18）。

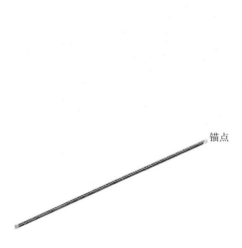

图1-15 直线

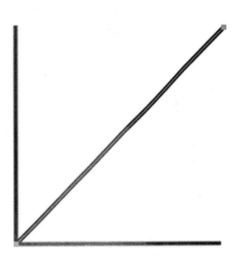

图1-16 特殊直线

图1-18　直线段属性设置

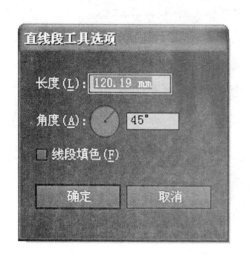

图1-17　直线段工具选项

图1-19　弧形工具的调出

　　2. 曲线绘制：将鼠标移至工具箱中的【直线段工具】，并长按鼠标左键，弹出下拉菜单，选择【弧形工具】（图1-19）。在编辑区内按住鼠标左键不放，拖动鼠标到目标位置松开鼠标则绘制出一弧线（图1-20）。绘制弧线之前在编辑区的空白处单击鼠标会弹出"弧线段工具选项"对话框（图1-21），对里面的属性进行设置可实现对弧线段的形状进行控制。

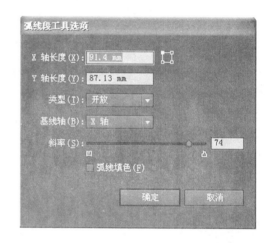

图1-20　弧线

图1-21　"弧线段工具选项"对话框

六、绘制矩形和椭圆

1. **矩形绘制**：选择工具箱中的【矩形工具】
，在绘图区内按住鼠标左键不放，拖动鼠标则绘制出一矩形（图1-22）。如按住"Shift"键的同时，拖动鼠标，则能绘制出正方形（图1-23）。在绘制之前，在绘图区空白处单击鼠标弹出"矩形"对话框，在对话框内可对矩形的高度和宽度数值进行设置（图1-24）。

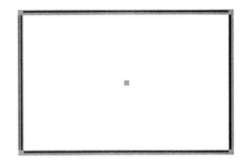

图1-22　矩形

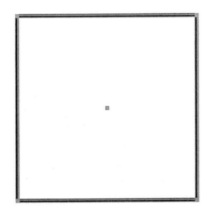

图1-23　正方形

图1-24　"矩形"对话框

2. **椭圆绘制**：选择工具箱中的【椭圆工具】，在绘图区内按住鼠标左键不放，拖动鼠标则绘制出一椭圆（图1-25）。如按住"Shift"键的同时，拖动鼠标，则能绘制出正圆（图1-26）。在绘制之前，在绘图区空白处单击鼠标弹出"椭圆"对话框，在对话框内能对椭圆的高度和宽度数值进行设置（图1-27）。

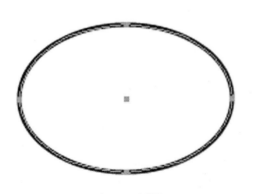

图1-25　椭圆

图1-26　正圆

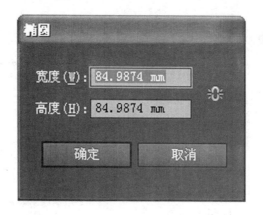

图1-27　"椭圆"对话框

七、钢笔工具

钢笔工具能绘制直线、曲线和其他复杂线段，熟练掌握钢笔工具，可绘制出较为复杂的图形，钢笔工具也是我们后面服装款式图绘制时最常用的工具，须熟练掌握。

1. **折线绘制**：选择工具箱中的【钢笔工具】 ，在绘图区内单击鼠标左键，释放鼠标，移动鼠标到另一位置再单击鼠标，则绘制出一直线，以此类推，得到如图所示的折线（图1-28）。

2. **曲线绘制**：选择工具箱中的【钢笔工具】 ，在绘图区内单击鼠标左键后释放鼠标，将鼠标移到另一位置时按住鼠标左键不放并拖动鼠标，则绘制出一曲线（图1-29）。选择【直接选择工具】 ，将鼠标移至锚点和手柄上拖动，可对曲线形状进行调整。

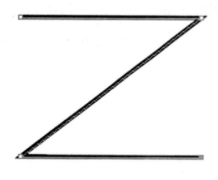

图1-28　钢笔直线绘制

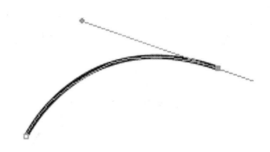

图1-29　钢笔曲线绘制

3. **曲线与直线相连线绘制**：选择工具箱中的【钢笔工具】 ，先绘制出直线与曲线相连线段（图1-30）。然后，先释放鼠标，再将鼠标移动到曲线末端的锚点处并单击，使得锚点另一端的手柄消失，再次移动鼠标到另一位置单击鼠标，则得到曲线与直线相连的线段（图1-31）。

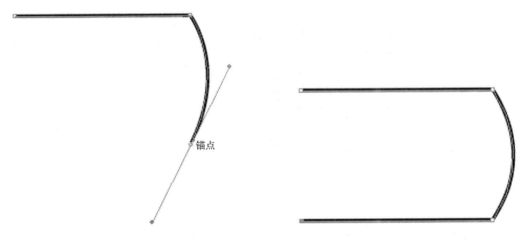

图1-30　直线与曲线相连线段　　　　　　　　图1-31　曲线与直线相连线段

4.**复杂曲线绘制**：通过较为复杂曲线的绘制，能熟练掌握钢笔工具的应用，为后面服装款式绘制打下基础。

选择工具箱中的【钢笔工具】，在控制栏对属性进行设置（图1-32），按照前面的直线与曲线绘制方法，绘制出基本曲线（图1-33）。

图1-32　钢笔工具属性设置

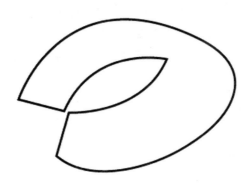

图1-33　基本曲线绘制

在工具箱中，将鼠标移至【钢笔工具】处长按鼠标左键，弹出下拉列表，选择【添加锚点工具】（图1-34），在绘制的曲线路径上选择一合适位置单击鼠标左键，成功添加新的锚点（图1-35），用于调整曲线路径形状。然后在工具箱中，选择【直接选择工具】，将鼠标移动至路径的锚点与手柄处进行曲线路径形状的微调（图1-36），最终得到所需复杂曲线（图1-37）。

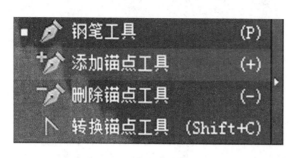

图1-34 添加锚点工具

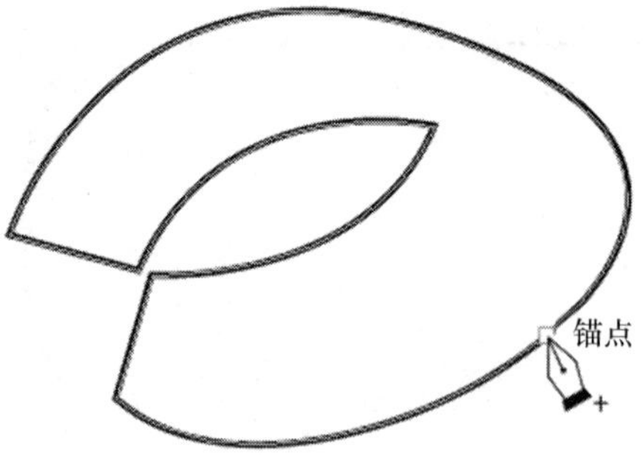

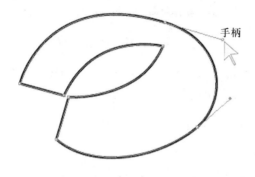

图1-35 添加锚点

图1-36 路径形状调整

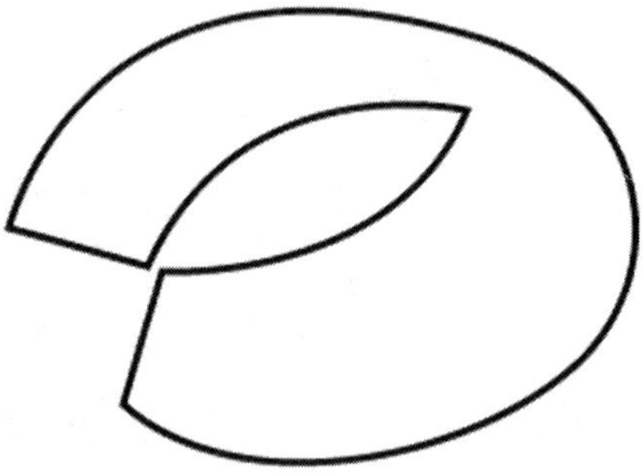

图1-37 复杂曲线效果

思考练习题

1. 调查Illustrator CS6软件的具体应用以及在服装设计领域中的应用情况。

2. 使用Illustrator CS6软件中的钢笔工具分别绘制出五角星、心形、橄榄形外轮廓。

3. 使用Illustrator CS6软件中的钢笔工具绘制较为复杂的曲线廓型，比如动物、花卉剪影等。

Illustrator服装款式设计与案例精析——

服装款式设计基础

教学内容： 1. 服装廓型设计

2. 服装结构设计

3. 服装局部设计

课程课时： 4课时

教学目的： 让学生对服装款式设计建立一个清晰、准确、深入的认识。

教学方式： 理论教学，视频演示。

教学要求： 1. 熟悉西方服装款式演变的历史。

2. 掌握服装款式设计的三大元素。

3. 学会从廓型、结构、局部分析市场中的服装品牌的款式设计的特点。

课前准备： 准备用于教学观摩的经典服装秀视频30分钟，通过视频中服装款式应用的分析加深服装款式设计的理解。

第二章　服装款式设计基础

　　服装款式设计是服装设计三大元素（面料、色彩、款式）之一，是服装设计者进行服装设计表现最为重要的载体，服装款式的设计主要包括服装廓型设计、结构设计和局部设计。服装款式设计的步骤基本上也是从廓型设计、结构设计和局部设计依次展开。

第一节　服装廓型设计

　　服装廓型是指服装的外在形态，也就是服装外轮廓线，它对服装款式起着决定性的作用。纵观近代服装流行演变，其中的廓型的变化带有最明显的特征。

一、服装廓型的流变

　　与其他元素相比，西方服装尤为重视服装外形，西方服装流行的历史也可说就是其外轮廓变化的历史（图2-1），外轮廓造型的英文style也成为流行的代名词，成为具有代表性的符号，凸显出鲜明的时代特征。

(a)1990年代　　(b)1910年代　　(c)1920年代　　(d)1930年代

(e)1940年代　　(f)1950年代　　(g)1960年代　　(h)1970年代

(i)1980年代　　　　(j)1990年代　　　　(k)2000年代

图2-1　西方服装廓型流变

二、服装廓型的分类

　　根据分类角度的不同，服装廓型存在多种分类，其中较为典型的是字母分类法。如将服装廓型分为H型、X型、A型、Y型、O型等。另外，根据服装的外形，还将服装的廓型分为箱型、茧型、混合型等（图2-2）。

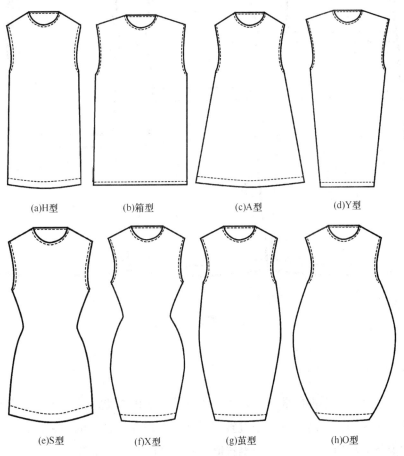

(a)H型　　　　　(b)箱型　　　　　(c)A型　　　　　(d)Y型

(e)S型　　　　　(f)X型　　　　　(g)茧型　　　　　(h)O型

图2-2　服装廓型分类

第二节 服装结构设计

服装廓型确定后，接下来就是内部结构的设计，其中对内部结构设计起到重要作用的包括腰线、分割线、省道等，这些元素的位置、比例的变化都会对服装内部造型产生影响，是服装差异化设计常用到的手法。

一、腰线位置的设计

服装腰线位置一般包括高腰、中腰、低腰三种（图2-3），最为常用的为中腰腰线。腰线高低的结构设计在连身装、上衣、裤装、裙装中都有所体现，对服装整体结构款式具有较大的影响，也能体现出时尚趋势的变迁。

(a)高腰　　　　　　　　(b)中腰　　　　　　　　(c)低腰

图2-3　服装腰线位置

二、省道的设计

省道设计是将二维平面的面料转换为三维立体服装的关键手法，也是西方服装与传统中国服装的主要区别。服装一方面通过省道设计来获得立体合身的服装，另一方面通过对省道不同位置与造型的处理，也能使得省道具有较强的装饰功能和设计美感（图2-4）。

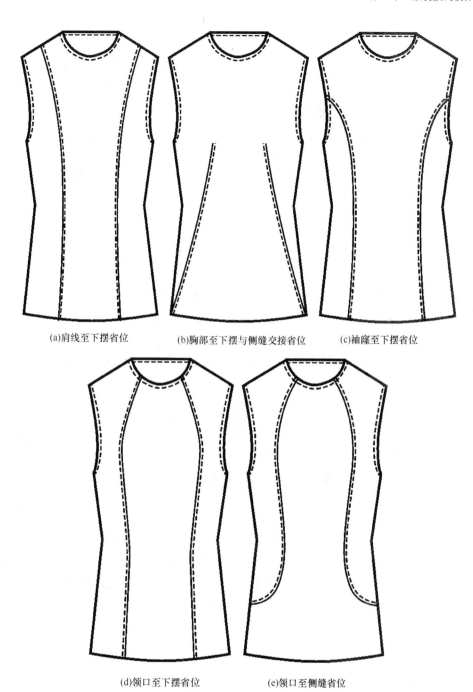

(a)肩线至下摆省位　　　(b)胸部至下摆与侧缝交接省位　　　(c)袖窿至下摆省位

(d)领口至下摆省位　　　(e)领口至侧缝省位

图2-4　衣身省道设计

三、分割线的设计

　　分割线设计是将服装面料进行分割后再进行拼缝的结构设计方法。在服装分割线的结构设计中，采用不同位置与造型的分割线，再结合不同颜色、材料、图案、肌理等的面料拼接，能设计样式丰富新颖的服装结构（图2-5）。

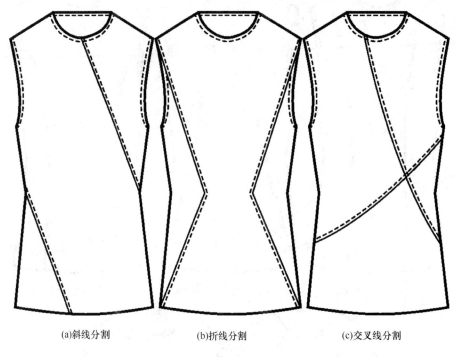

(a)斜线分割   (b)折线分割   (c)交叉线分割

图2-5　衣身分割线设计

第三节　服装局部设计

　　服装局部设计是完成服装款式设计的最后一步，服装局部设计包括领、袖、口袋、门襟、下摆、腰襻，以及褶裥、花边、袖克夫等诸多细节设计。所谓细节决定成败，服装局部设计能为服装设计提供更为丰富的空间，对服装设计的最终效果具有极为重要的作用。

一、领部设计

　　服装的领部最靠近人的脸部，是吸引人们视线最多的区域，可以说是服装整体款式设计的视觉中心，是上衣款式设计的重点。

　　根据有无装领可将领部设计分为领口设计与领子设计两大类。

　　领口设计结构相对简单，主要是根据造型线条的变化进行设计，如圆领、深圆领、船领、马蹄领、一字领、V领、方领、深V领等不同造型的领口（图2-6）。

　　领子设计比较复杂多样，具有重要的装饰作用，是女装款式设计的重点，能很好地去表现设计师的创作灵感，最常见的领子造型包括：立领、圆翻领、衬衫领、方形披肩领、圆形披肩领、水手领、高圆领、戗驳领、青果领、褶饰领等（图2-7）。

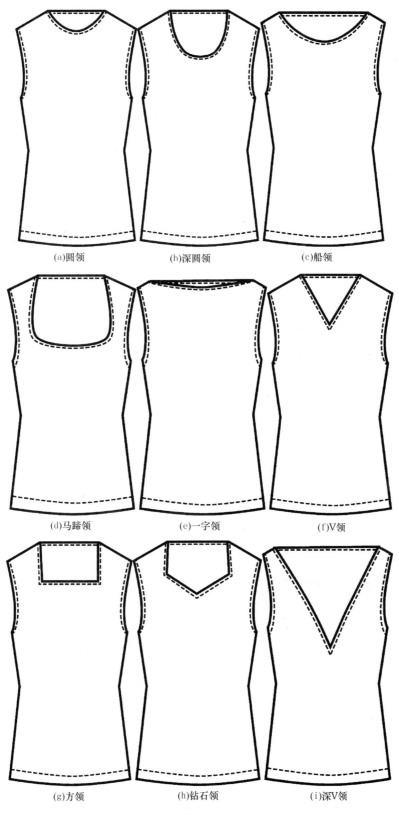

(a)圆领　　　　　　　(b)深圆领　　　　　　　(c)船领

(d)马蹄领　　　　　　(e)一字领　　　　　　　(f)V领

(g)方领　　　　　　　(h)钻石领　　　　　　　(i)深V领

图2-6

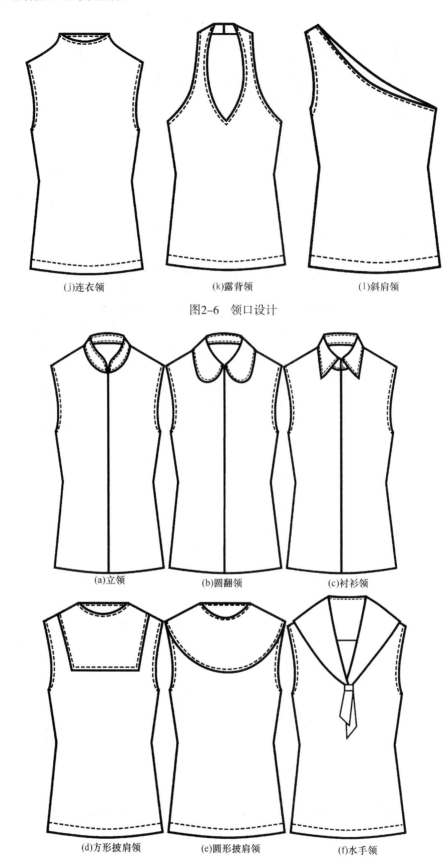

(j)连衣领　　　　　　　　(k)露背领　　　　　　　　(l)斜肩领

图2-6　领口设计

(a)立领　　　　　　　　(b)圆翻领　　　　　　　　(c)衬衫领

(d)方形披肩领　　　　　　(e)圆形披肩领　　　　　　(f)水手领

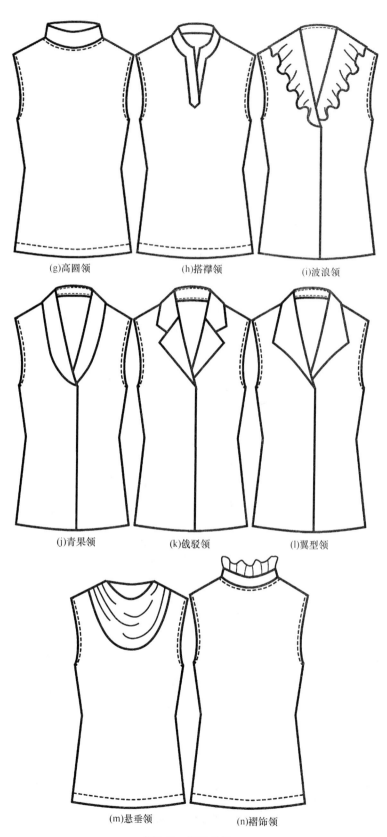

(g)高圆领　　　　　　　　(h)搭襻领　　　　　　　　(i)波浪领

(j)青果领　　　　　　　　(k)戗驳领　　　　　　　　(l)翼型领

(m)悬垂领　　　　　　　　(n)褶饰领

图2-7　领子设计

二、袖子设计

袖子是上衣设计的基本组成部分，既具有功能性，又具有装饰性。袖子的种类很多，如按照袖子的长度可分为无袖、短袖、中袖、长袖等（图2-8~图2-11）；按照结构特点又可分为圆袖、插肩袖、连身袖、蝙蝠袖等。另外，随着袖窿处、袖口处的形态变化又可设计出各式各样的袖子造型。

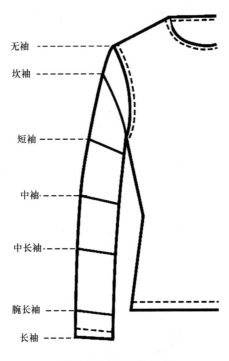

图2-8 袖子长短分类

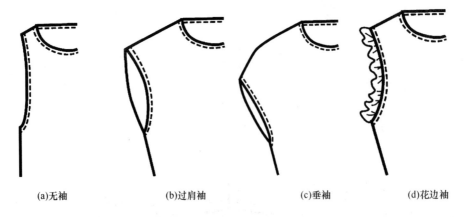

(a)无袖   (b)过肩袖   (c)垂袖   (d)花边袖

图2-9 无袖

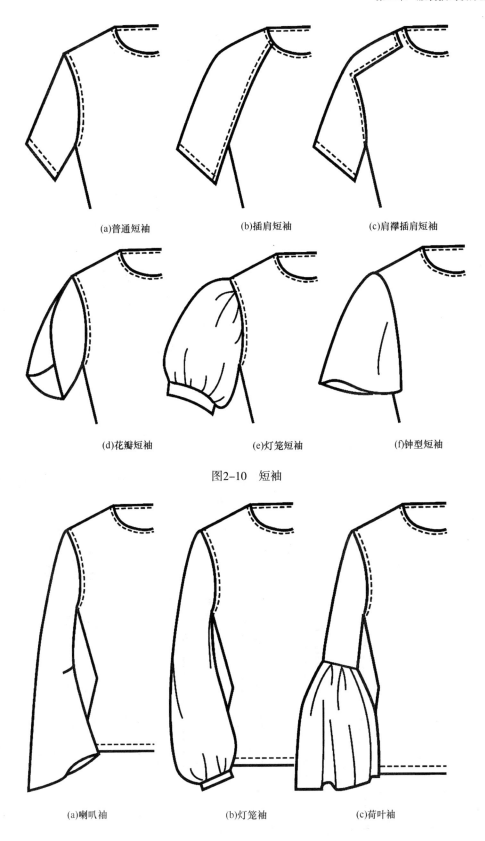

(a)普通短袖　　　　(b)插肩短袖　　　　(c)肩襻插肩短袖

(d)花瓣短袖　　　　(e)灯笼短袖　　　　(f)钟型短袖

图2-10　短袖

(a)喇叭袖　　　　(b)灯笼袖　　　　(c)荷叶袖

图2-11

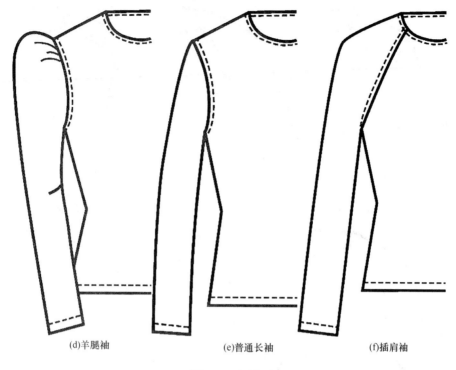

(d)羊腿袖　　　　　　　(e)普通长袖　　　　　　　(f)插肩袖

图2-11　长袖

三、门襟设计

门襟主要用于服装前部的开口，具有便于服装穿脱的功能性作用。由于门襟大多直接与领子相连，并且位于服装的主要部位，所以门襟设计直接影响服装的外观。

门襟设计主要通过改变门襟的位置、长短和形态进行设计，另外，门襟的系合方式也是门襟设计的重要内容。根据门襟的位置、长短、形态以及系合的方式，门襟主要分为：暗门襟、明门襟、偏门襟、斜门襟、纽襻门襟、半开门襟、拉链门襟、抽绳门襟等（图2-12）。

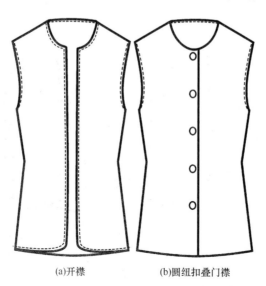

(a)开襟　　　　　　　(b)圆纽扣叠门襟

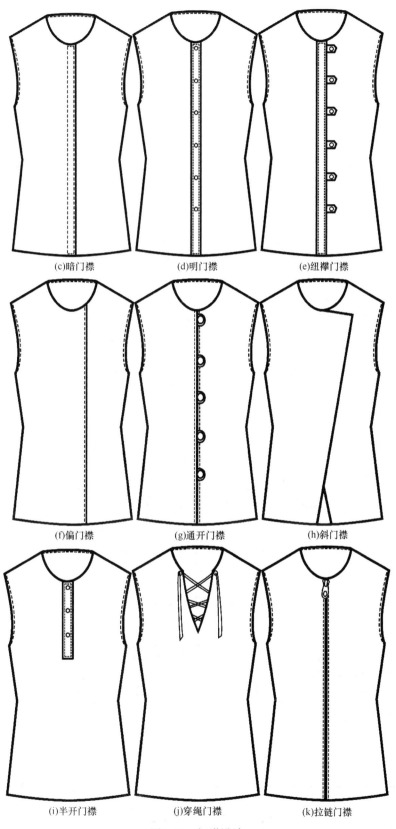

图2-12 门襟设计

四、腰头设计

腰部是女下装款式设计的重点，腰线的位置及其腰头造型的变化反映着时代流行的变迁以及人们的着装心理。同门襟设计一样，除了腰头的造型以外，腰头的系合方式也是腰头设计的重要内容（图2-13）。

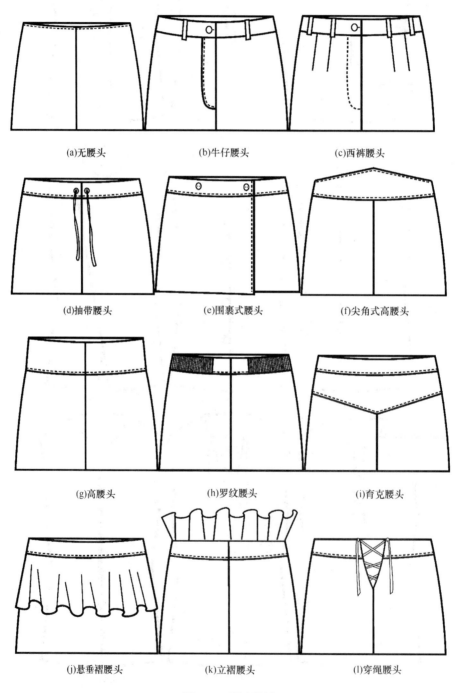

    (a)无腰头   (b)牛仔腰头   (c)西裤腰头

    (d)抽带腰头   (e)围裹式腰头   (f)尖角式高腰头

    (g)高腰头   (h)罗纹腰头   (i)育克腰头

    (j)悬垂褶腰头   (k)立褶腰头   (l)穿绳腰头

图2-13　腰头设计

五、下摆设计

下摆设计主要体现在衣摆和裙摆设计上，位于服装的底部，虽然在视觉上没有领子、袖子、门襟等部位醒目，但作为服装的结束部位，即使领子、袖子等设计得再好，如果没有好的下摆设计配合，也会令整体设计变得虎头蛇尾。下摆设计的好坏对于整体服装设计同样具有重要的作用，不能忽视。下面以裙摆为例列举了较为典型的下摆设计，这些下摆设计同样适合于衣摆设计（图2-14）。

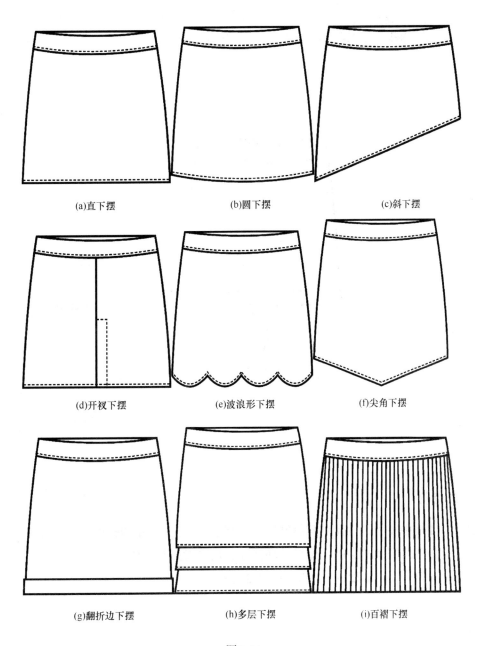

(a)直下摆   (b)圆下摆   (c)斜下摆

(d)开衩下摆   (e)波浪形下摆   (f)尖角下摆

(g)翻折边下摆   (h)多层下摆   (i)百褶下摆

图2-14

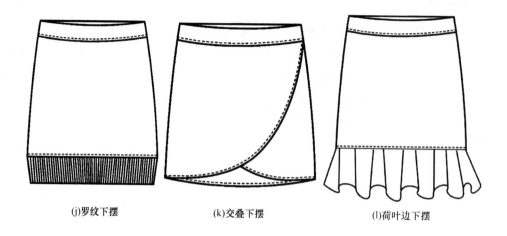

(j)罗纹下摆   (k)交叠下摆   (l)荷叶边下摆

(m)抽带下摆

图2-14　下摆设计

六、袖口设计

　　袖口设计是服装款式设计中容易被忽视的部位。作为重要的细节设计之一，对袖口的处理既要充分考虑服装的穿脱、保护等功能性，也要考虑与整体款式相协调的装饰性，这样才能设计出符合人们需要的袖口造型（图2-15）。

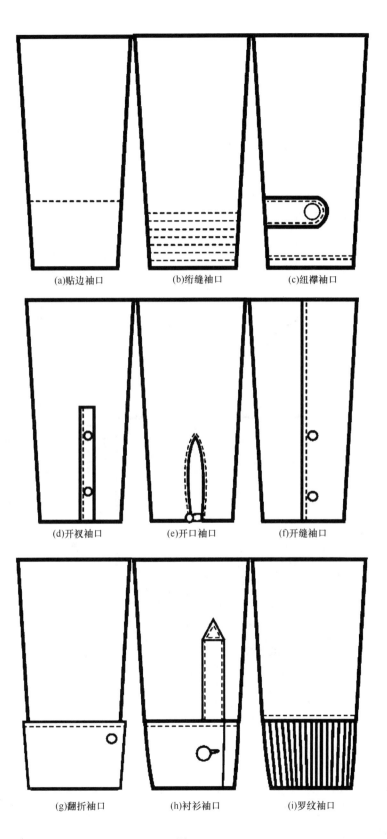

(a)贴边袖口　　　　　(b)绗缝袖口　　　　　(c)纽襻袖口

(d)开衩袖口　　　　　(e)开口袖口　　　　　(f)开缝袖口

(g)翻折袖口　　　　　(h)衬衫袖口　　　　　(i)罗纹袖口

图2-15

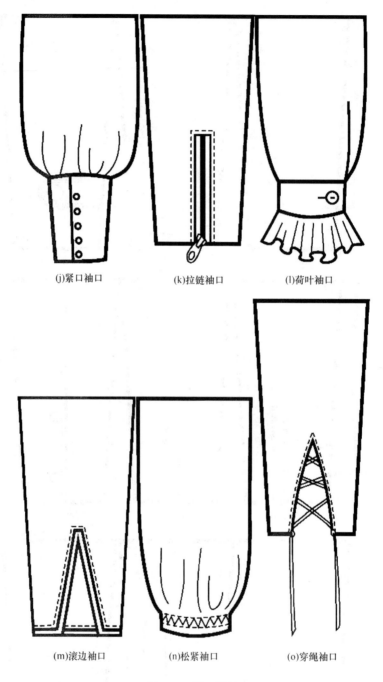

(j)紧口袖口　　　　　　　(k)拉链袖口　　　　　　　(l)荷叶袖口

(m)滚边袖口　　　　　　　(n)松紧袖口　　　　　　　(o)穿绳袖口

图2-15　袖口设计

七、裤脚设计

　　同袖口设计一样，裤脚设计也是服装款式设计中重要的细节设计之一，裤脚设计除了要充分考虑裤子的穿脱、保护等功能性外，也要考虑裤脚造型的装饰性，裤脚造型的变化也能一定程度反映出时代流行的变迁（图2-16）。

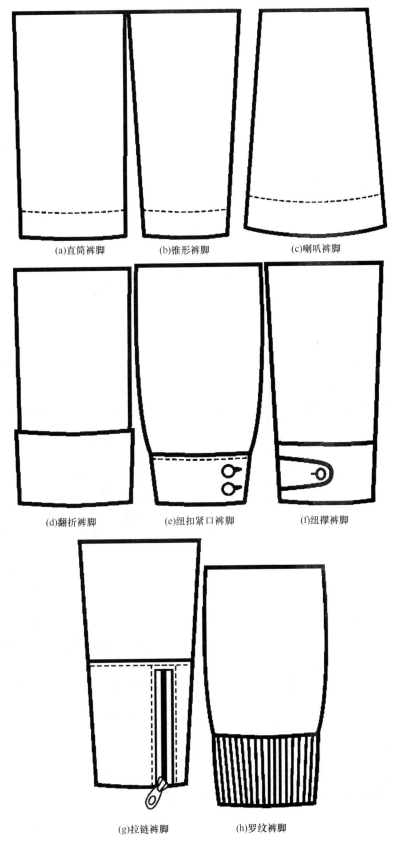

(a)直筒裤脚　　　　(b)锥形裤脚　　　　　　(c)喇叭裤脚

(d)翻折裤脚　　　　(e)纽扣紧口裤脚　　　　(f)纽襻裤脚

(g)拉链裤脚　　　(h)罗纹裤脚

图2-16　裤脚设计

八、口袋设计

口袋是最具适用性、功能性的细节设计，同时也具有极强的装饰性，对口袋的位置、大小、形状的处理能设计出极为丰富的口袋造型。根据口袋造型结构特征，口袋被分为插袋、贴袋、挖袋三大类（图2-17）。

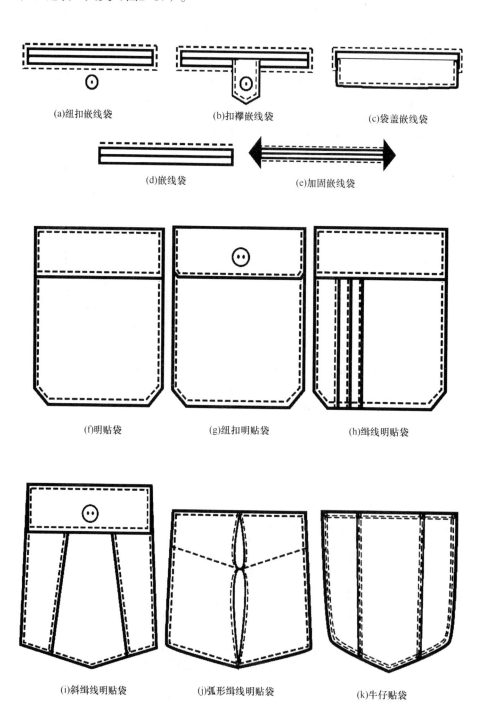

(a)纽扣嵌线袋　　　　(b)扣襻嵌线袋　　　　(c)袋盖嵌线袋

(d)嵌线袋　　　　(e)加固嵌线袋

(f)明贴袋　　　　(g)纽扣明贴袋　　　　(h)缉线明贴袋

(i)斜缉线明贴袋　　　　(j)弧形缉线明贴袋　　　　(k)牛仔贴袋

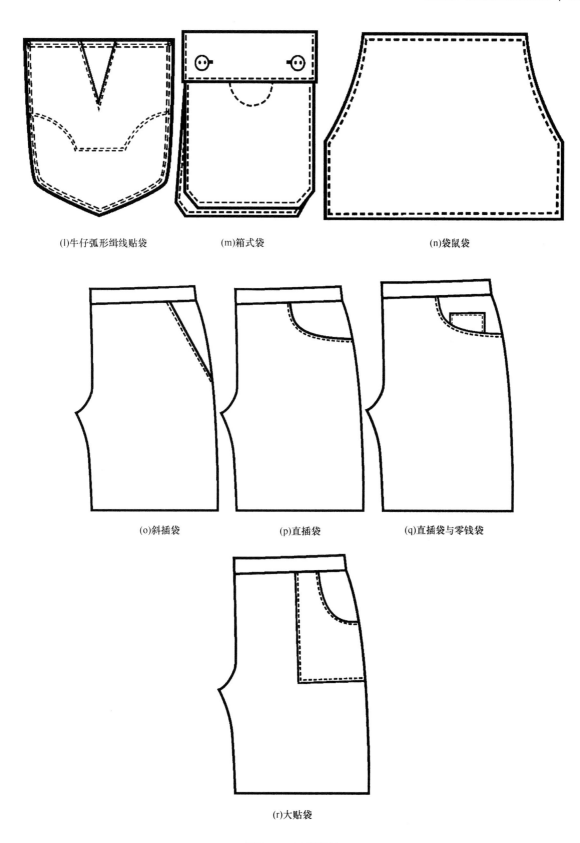

(l)牛仔弧形缉线贴袋　　　(m)箱式袋　　　　　(n)袋鼠袋

(o)斜插袋　　　　(p)直插袋　　　　(q)直插袋与零钱袋

(r)大贴袋

图2-17　口袋设计

思考练习题

1. 思考什么是服装款式设计，以及服装款式设计与服装设计的关系？

2. 简述服装款式设计的三大元素。

3. 以10年为一阶段，绘制出西方20世纪20年代至21世纪10年代每一阶段的典型女装款式。

4. 选择三个典型的服装品牌，分析其服装款式设计的特点。

Illustrator服装款式设计与案例精析——

Illustrator服装基本款式绘制

教学内容： 1. 半截裙基本款式绘制

2. 西裤基本款式绘制

3. 衬衫基本款式绘制

4. 西装基本款式绘制

5. 夹克基本款式绘制

6. 大衣基本款式绘制

7. 罩衫基本款式绘制

8. 礼服裙基本款式绘制

9. 羽绒服基本款式绘制

课程课时： 8课时

教学目的： 掌握服装基本款式的绘制与熟练掌握Illustrator CS6 软件的操作。

教学方式： 实操演示，现场辅导。

教学要求： 1.掌握服装基本款式的绘制。

2. 熟练掌握Illustrator CS6软件的基本操作。

3. 熟悉Illustrator进行服装款式绘制的流程。

课前准备： 需计算机机房上课，计算机需要预装Illustrator CS6 软件。

第三章　Illustrator服装基本款式绘制

服装款式多种多样，根据服装类别分类，服装款式可分为基本的半截裙、裤装、衬衫、罩衫、西装、夹克、大衣、礼服裙、棉服与羽绒服等。

第一节　半截裙基本款式绘制

半截裙是女下装中较为常见的款式，结构简单，穿着方便，多应用于职业女装和春夏服装中，半截裙基本款式最终效果如图3-1所示。

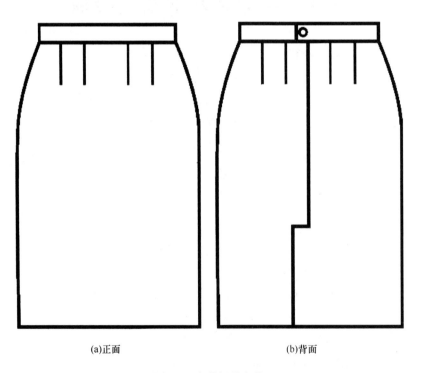

(a)正面　　　　　　　　　　(b)背面

图3-1　半截裙基本款

步骤一：图纸设置

打开Illustrator CS6软件，进入工作界面。在菜单栏中，执行"文件→新建"命令，即打开"新建文档"对话框（图3-2）。在对话框中进行图纸设置。可对图纸的名称、大小、单位等进行设置。如图纸大小可选择"A4"，单位为"毫米"，取向为"竖向"等。

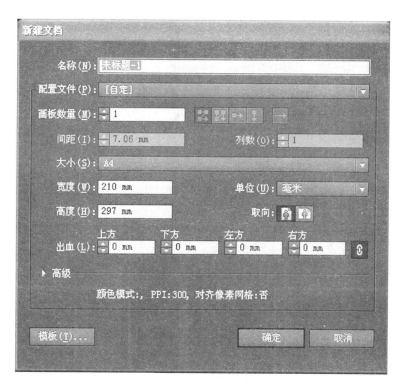

图3-2　"新建文档"对话框

步骤二：辅助线设置

为了绘图的精确和方便，需要在图纸上设置原点和辅助线。先执行菜单栏中"视图"→"标尺"→"显示标尺"，在编辑区的上方和左方边缘即显示出标尺。

图纸原始的坐标原点默认在图纸的左上角，若想将原点设置在图纸的中央，可采用将鼠标移至编辑区的左上角（图3-3），按住鼠标左键不放向右、向下拖动鼠标，即可将原点位置进行重新设置。采用此种方法，在进行服装款式绘制时，可将原点位置设置在图纸中央。

将鼠标移至边缘标尺处，按住鼠标左键不放，向图纸内拖动鼠标即可移出辅助线。按照1：5的比例，依据半截裙关键数据，如腰宽30cm、臀宽40cm、裙长64cm、腰头宽4cm、上裆长18cm、腰省长9cm等数据进行辅助线的设置（图3-4）。

注：后面内容中关于原点与辅助线的设置方法相同，以后在款式绘制时将不再对原点与辅助线设置赘述。

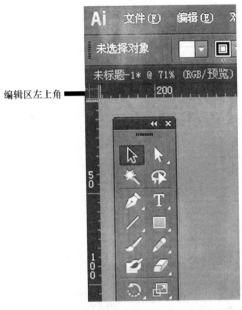

编辑区左上角

图3-3 坐标原点重置

图3-4 辅助线

步骤三：半截裙廓型绘制

（1）参照辅助线，单击工具箱中的【矩形工具】 ，在控制栏里设置描边粗细为"4pt"，描边色为"黑色"（图3-5），参照辅助线绘制出裙腰与裙身矩形（图3-6）。

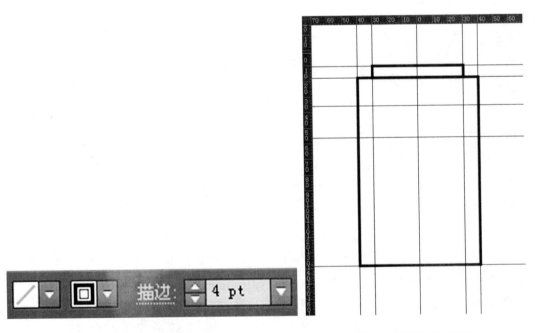

图3-5 描边设置

图3-6 裙腰与裙身矩形

（2）选择工具箱中的【添加锚点工具】，在图3-7中所示的交点位置单击以增加锚点，然后再选择工具箱中的【直接选择工具】，左键按住裙身矩形上端的两个节点向内移动，与裙腰宽对齐（图3-8）。

（3）选择工具箱中的【直接选择工具】，选中图3-7中所增加的锚点，这时再选择出现在控制栏中的【将所选锚点转换为平滑】工具，将锚点转换为平滑的锚点。最后，为了保证臀围线以下的线段不受影响，可在按住"Alt"键的同时分别拖动平滑锚点上端的手柄调整曲线到理想形态。半截裙的廓型基本绘制完成（图3-9）。

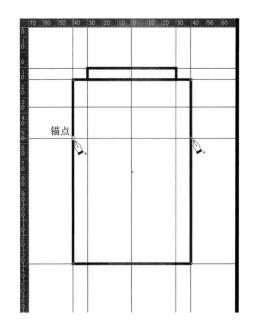

图3-7 增加锚点

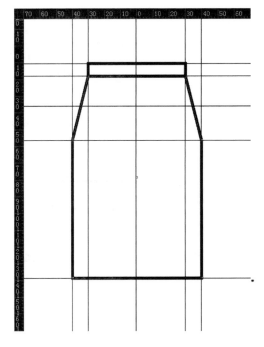

图3-8 节点移动

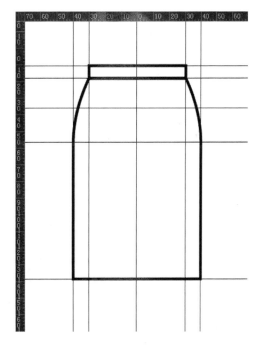

图3-9 基本廓型

步骤四：半截裙细节绘制

（1）选择工具箱中的【直线段工具】，在控制栏里设置描边粗细为"4pt"，按照

第一章所学的基础知识绘制出4个长9cm的腰省。裙身正面即绘制完成（图3-10）。

（2）选择工具箱中的【钢笔工具】 ，在控制栏里设置描边粗细为"4pt"，绘制半截裙后面的中缝和后开衩。最后，选择工具箱中的【椭圆工具】 ，在控制栏里设置描边粗细为"2pt"，绘制出半截裙后腰头上的纽扣。裙身背面即绘制完成（图3-11）。

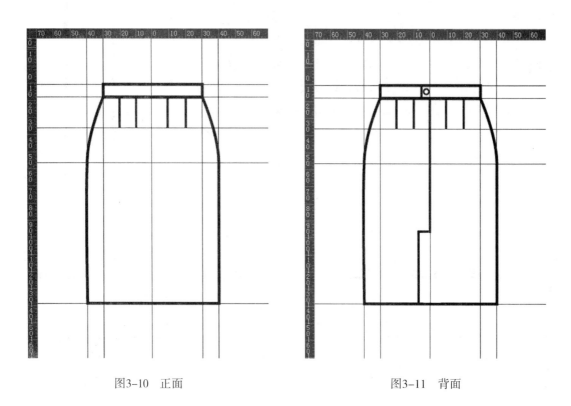

图3-10　正面　　　　　　　　　　　　　　　图3-11　背面

第二节　裤装基本款式绘制

女士裤装中的西裤最早为男士裤装。20世纪，随着女性生活方式与经济地位的变化，西裤也成为女性的重要服装，西裤以其严谨干练的造型多应用在职业女装中，与西服套装组合穿着，西裤基本款式最终效果如图3-12所示。

步骤一：辅助线设置

依据西裤关键数据，如腰围64cm、臀围88cm、腰长20cm、裤长100cm、腰头宽4cm等数据进行辅助线的设置。在绘图区，按照1∶5的比例（单位：cm）进行辅助线的设置（图3-13）。

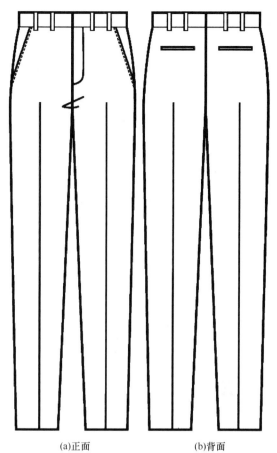

(a)正面　　　　　(b)背面

图3-12　西裤基本款式

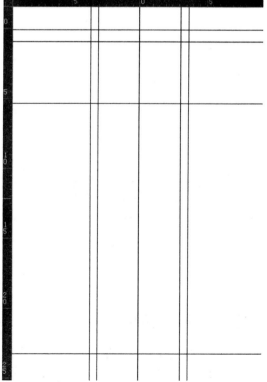

图3-13　辅助线

步骤二：西裤廓型绘制

参照辅助线，单击工具箱中的【矩形工具】，在控制栏里设置描边粗细为"4pt"，描边色为"黑色"（图3-14），参照辅助线绘制出裤腰矩形。

选择工具箱中的【钢笔工具】，绘制西裤裤身基本轮廓，再选择工具箱中的【直接选择工具】，调整锚点以及手柄，绘制出西裤廓型（图3-15）。

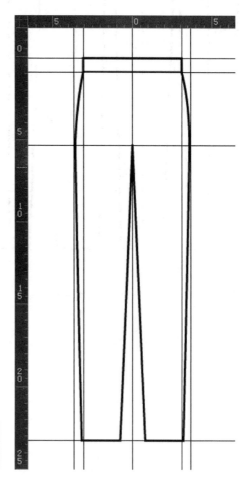

图3-14 描边设置　　　　　　　　图3-15 基本廓型

步骤三：西裤正面绘制

选择工具箱中的【钢笔工具】，在控制栏里设置描边粗细为"3pt"，绘制出西裤裤身对移线与门襟。

单击工具箱中的【矩形工具】，绘制一裤腰裤襻，再执行菜单栏中"复制→粘贴"命令，复制出同样的裤襻4个，放置于裤腰合适位置。

最后再用【钢笔工具】 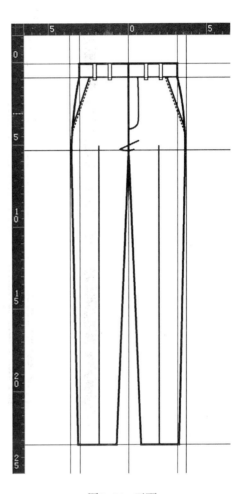绘制裤兜，并设置相关描边数值（图3-16），在裤兜斜线的边缘进行明缉线的绘制。最后绘制出西裤正面（图3-17）。

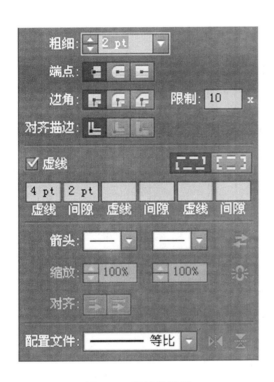

图3-16 缉缝线设置

图3-17 正面

步骤四：西裤背面绘制

选择工具箱中的【选择工具】 ，框选西裤正面，通过编辑菜单中的"复制→粘贴"命令，复制出一裤片。再选择工具箱中的【选择工具】 ，按住"Shift"键同时连续选择斜插袋、门襟等部位按"Delete"键进行删除，保留裤管处的中折线，最后选择工具箱中的【矩形工具】 ，绘制出西裤背面的挖袋，放置于合适的位置，西裤背面即绘制完成（图3-18）。

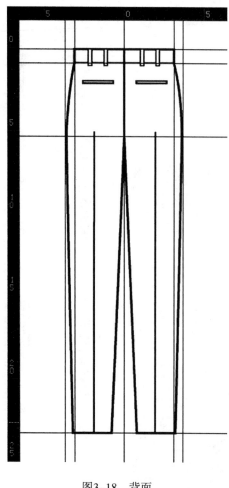

图3-18　背面

第三节　衬衫基本款式绘制

衬衫原来为男士内衣，与西装、夹克配套穿着，在20世纪初逐渐在女性服装中流行，多应用在春夏女装中，体现休闲、随意、轻松的着装风格，深受女性的青睐。衬衫基本款式效果如图3-19所示。

步骤一：辅助线设置

依据前述方法，在绘图区按照1：5的比例设置衬衫相关数据，进行辅助线的绘制（图3-20）。

(a)正面　　　　　　　　　　　　　　　(b)背面

图3-19　衬衫基本款式

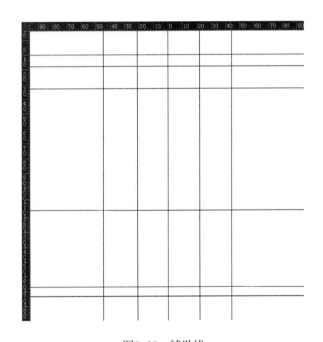

图3-20　辅助线

步骤二：衬衫廓型绘制

参照辅助线，选择工具箱中的【钢笔工具】，在控制栏里设置描边粗细为"4pt"，描边色为"黑色"，参照辅助线绘制出衬衫基本廓型，再选择工具箱中的【直接选择工具】，调整锚点以及手柄，绘制出比例准确、线条流畅的衬衫廓型（图3-21）。

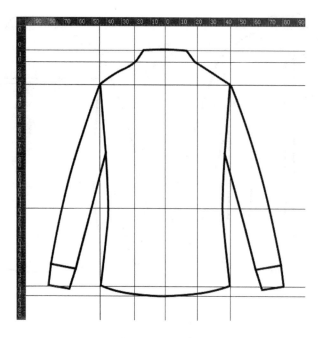

图3-21 衬衫廓型

步骤三：衬衫局部绘制

（1）选择工具箱中的【钢笔工具】 ，设置描边粗细为"4pt"，绘制出衬衫领座、翻领、门襟等局部造型。选择工具箱中的【钢笔工具】 ，设置描边粗细为"2.5pt"，绘制出贴袋（图3-22）。

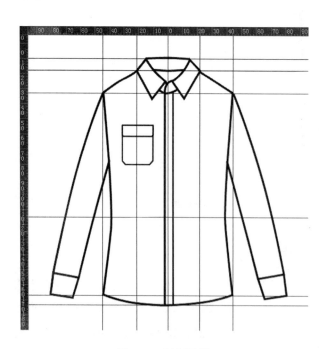

图3-22 衬衫局部

（2）先用【钢笔工具】，在控制栏中设置描边相关数值，粗细为"1.5pt"，虚线"4pt"，间隙"2pt"（图3-23），进行明缉线的绘制。再用【钢笔工具】，设置描边粗细为"3pt"，进行腰部省道的绘制。最后，选择工具箱中的【椭圆工具】，绘制出纽扣。衬衫正面即绘制完成（图3-24）。

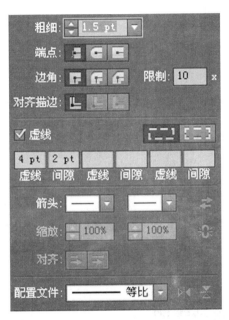

图3-23　明缉线设置

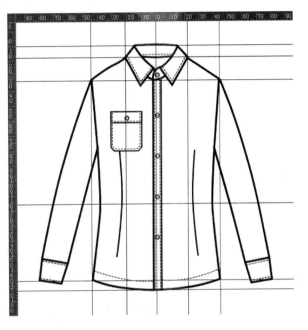

图3-24　正面

步骤四：衬衫背面绘制

（1）在衬衫正面图基础上，选择工具箱中的【选择工具】，框选衬衫正面，通过编辑菜单中的"复制→粘贴"命令，复制出一衬衫正面。再用【选择工具】，按住"Shift"键的同时选中衬衫正面的领子、门襟、口袋、明缉线等细节，然后按"Delete"键删除，得到衬衫背面廓型（图3-25）。

（2）选择【钢笔工具】，设置描边粗细为"3pt"，进行后背拼缝线与袖克夫绘制。最后再用【钢笔工具】，设置描边相关数值，粗细为"1.5pt"，虚线"4pt"，间隙

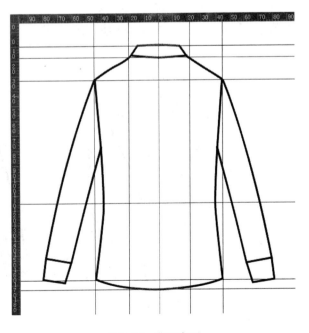

图3-25　背面廓型

"2pt"，在后背拼缝处、领座和袖克夫处进行明缉线的绘制。最后，再选择工具箱中的
【椭圆工具】 ◯，绘制出袖口纽扣。衬衫背面即绘制完成（图3-26）。

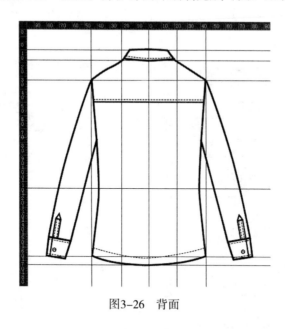

图3-26　背面

第四节　西装基本款式绘制

西装原为男性社交场合中的正式着装，西装袖、翻驳领、单排扣、双排扣等为西装的
经典元素，在20世纪随着女性社会地位与生活方式的变化，西装也进入到女性职业和生活
着装中，体现严谨、干练的女性风格。西装基本款式最终效果如图3-27所示。

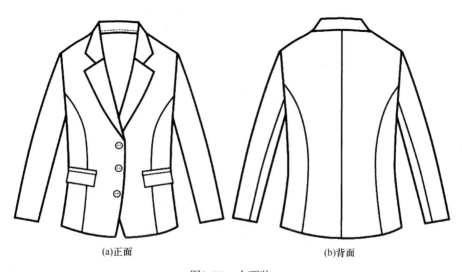

(a)正面　　　　　　　　　　　　　(b)背面

图3-27　女西装

步骤一：辅助线设置

依据前述方法，在绘图区按照1∶5的比例设置女士西装相关数据，进行辅助线的绘制（图3-28）。

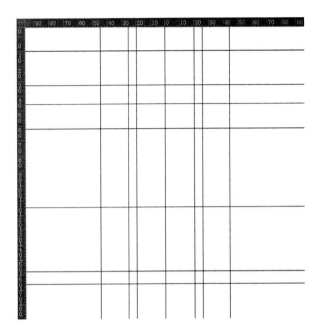

图3-28 辅助线

步骤二：西装廓型绘制

参照辅助线，选择工具箱中的【钢笔工具】 ，在控制栏里设置描边粗细为"4pt"，描边色为"黑色"，参照辅助线绘制出西装基本廓型，再选择工具箱中的【直接选择工具】 ，调整锚点以及手柄，绘制出西装廓型以及袖子（图3-29）。

步骤三：西装局部绘制

选择工具箱中的【钢笔工具】 ，依据辅助线的位置，绘制出西装后领座、翻驳领、门襟和省道等局部造型。再选择工具箱中的【直接选择工具】 ，调整相关造型处的锚点以及

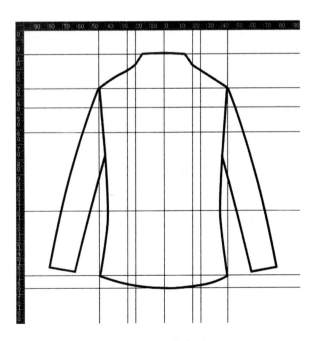

图3-29 西装廓型

手柄，绘制出准确的西装局部造型（图3-30）。

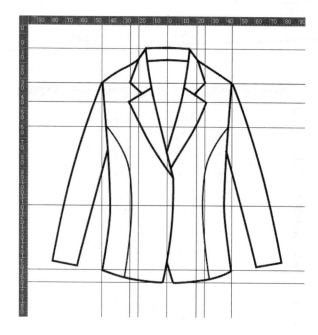

图3-30　西装局部

步骤四：西装细节绘制

选择【钢笔工具】 ，设置描边相关数值，粗细为"1.5pt"，虚线"4pt"，间隙"2pt"（图3-31），进行后领座处明缉线的绘制。再用【钢笔工具】 ，设置描边粗细为"3pt"，进行口袋的绘制。最后，选择工具箱中的【椭圆工具】 ，绘制出纽扣，再进行复制、粘贴出其他纽扣。女西装正面即绘制完成（图3-32）。

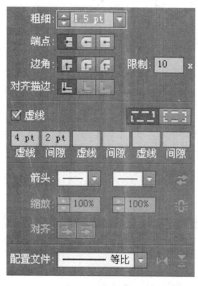

图3-31　描边设置

图3-32　正面

步骤五：西装背面绘制

（1）将女西装正面执行菜单栏中"文件→存储为"命令，保存女西装正面。然后在女西装正面的基础上，选择【选择工具】，框选住西装正面的领子、门襟、口袋、明缉线等细节，然后删除，得到西装背面廓型（图3-33）。

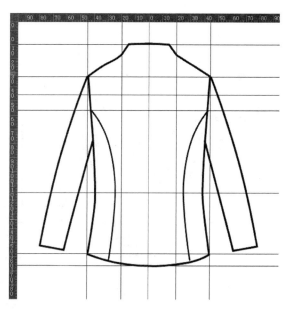

图3-33 背面廓型

（2）选择【钢笔工具】，设置描边粗细为"3pt"，进行后中线与袖子拼合线绘制。女西装背面即绘制完成（图3-34）。

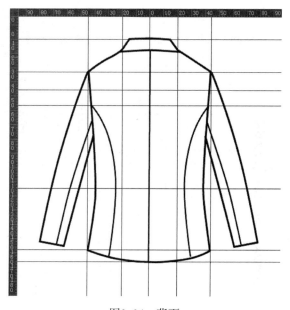

图3-34 背面

第五节　夹克基本款式绘制

夹克相对于一般外衣较短、面料硬挺、穿着方便，具有宽松、舒适、粗犷的风格，常用于休闲场合。夹克基本款式最终效果如图3-35所示。

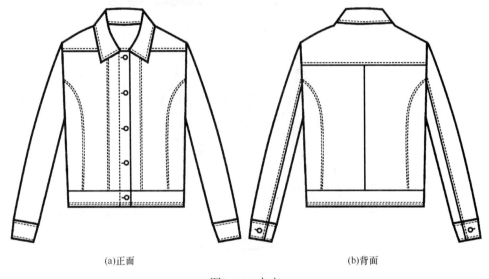

(a)正面　　　　　　　　　　　　　　　(b)背面

图3-35　夹克

步骤一：辅助线设置

依据前述方法，在绘图区按照1∶5的比例，按照女士夹克相关数据进行辅助线的设置（图3-36）。

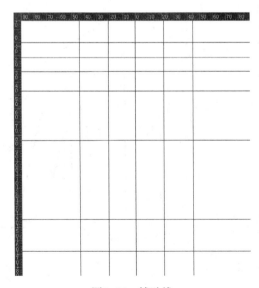

图3-36　辅助线

步骤二：夹克廓型绘制

（1）参照辅助线，选择工具箱中的【钢笔工具】 ，在控制栏里设置描边粗细为"4pt"，描边色为"黑色"，参照辅助线绘制出夹克基本廓型，再选择工具箱中的【直接选择工具】 ，调整锚点以及手柄，绘制出夹克廓型（图3-37）。

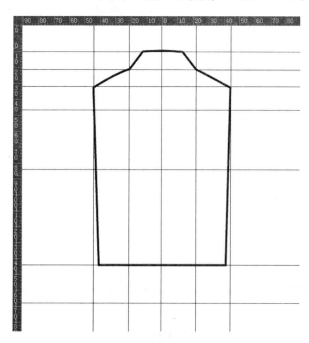

图3-37 夹克廓型

（2）参照辅助线绘制出左侧袖子，选择工具箱中的【直接选择工具】 ，调整锚点以及手柄，绘制出准确袖型，将左侧袖子执行菜单栏中"编辑→复制"与"编辑→粘贴"命令后，再将复制出的新袖子在菜单栏中执行"对象→变换→对称→垂直对称"命令，得到右侧袖子，并移动到相应位置（图3-38）。

步骤三：夹克局部绘制

选择工具箱中的【钢笔工具】 ，依据辅助线的位置，绘制出夹克领座、翻领。选择工具箱中的【直接选择工具】 ，调整相关造型处的锚点以及

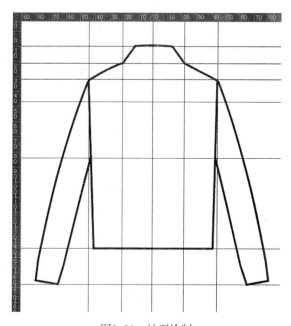

图3-38 袖型绘制

手柄，绘制出准确的领子造型（图3-39）。利用工具箱中的【椭圆工具】 ⬭，绘制出纽扣，再进行复制、粘贴出其他纽扣并排列整齐（图3-40）。最后再完成下摆、袖口、肩部拼缝线等局部绘制（图3-41）。

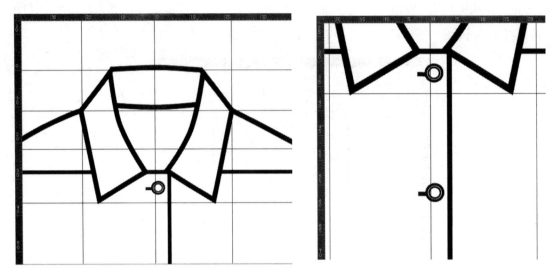

图3-39　领子绘制　　　　　　　　　　　　　图3-40　纽扣绘制

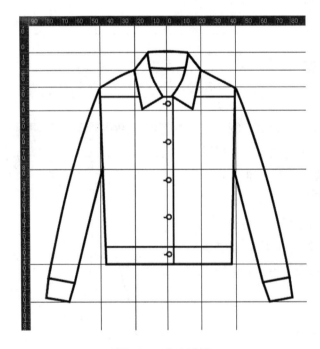

图3-41　夹克局部

步骤四：夹克细节绘制

再次选择【钢笔工具】 ✐，设置描边相关数值，粗细为"1.5pt"，虚线"4pt"，间隙"2pt"，进行后领座、拼缝线、下摆、袖口、省道等多处明缉线的绘制。夹克正面即绘制完成（图3-42）。

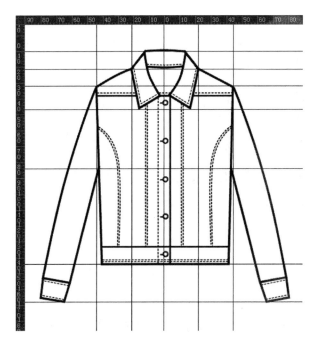

图3-42 正面

步骤五：夹克背面绘制

（1）将夹克正面执行菜单栏中"文件→存储为"命令，保存夹克正面。然后在夹克正面的基础上，选择【选择工具】，复选住夹克正面的领子、门襟、口袋、明缉线等细节，然后删除，保留下摆、省道、袖口等处的明缉线，得到夹克背面基本廓型（图3-43）。

（2）选择【钢笔工具】，设置描边粗细为"3pt"，进行后中线、背部拼缝线与袖缝线绘制，再从正面复制、粘贴纽扣于袖口处。夹克背面即绘制完成（图3-44）。

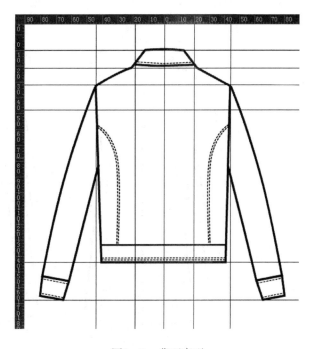

图3-43 背面廓型

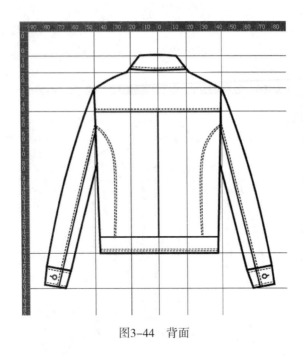

图3-44　背面

第六节　女大衣基本款式绘制

大衣是指衣长过臀的外穿服装，包括用于正式场合的礼服大衣，以及用于御寒防风功能的风衣等。女大衣基本款式最终效果如图3-45所示。

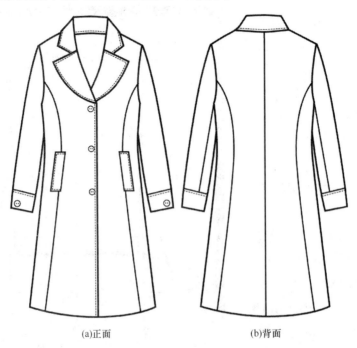

(a)正面　　　　　　　　　　　(b)背面

图3-45　女大衣

步骤一：辅助线设置

依据前述方法，在绘图区按照1∶5的比例，按照女大衣相关数据进行辅助线的设置（图3-46）。

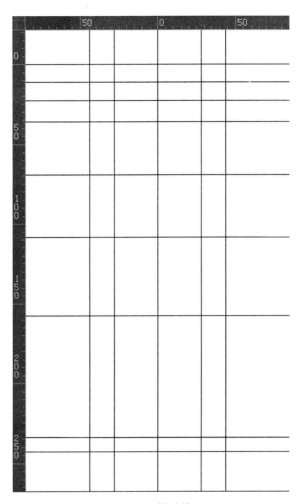

图3-46 辅助线

步骤二：女大衣廓型绘制

（1）参照辅助线，选择工具箱中的【钢笔工具】，在控制栏里设置描边粗细为"4pt"，描边色为"黑色"，参照辅助线绘制出大衣基本廓型，再选择工具箱中的【直接选择工具】，调整锚点以及手柄，绘制出准确的大衣廓型（图3-47）。

（2）参照辅助线绘制出左侧袖子，选择工具箱中的【直接选择工具】，调整锚点以及手柄，绘制出准确袖型，再将左侧袖子执行菜单栏中"编辑→复制"与"编辑→粘贴"命令后，复制出新的袖子，将新袖子在菜单栏中执行"对象→变换→对称→垂直对称"命令，得到右侧袖子，并移动到相应位置（图3-48）。

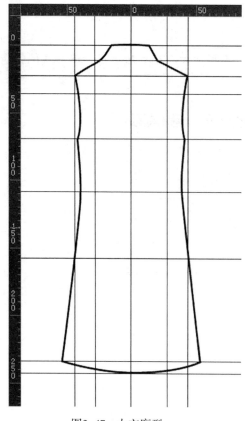

图3-47 大衣廓型

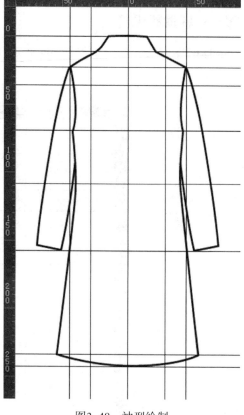

图3-48 袖型绘制

步骤三：女大衣局部绘制

选择工具箱中的【钢笔工具】 ，依据辅助线的位置，绘制出大衣领座、翻领，选择工具箱中的【直接选择工具】 ，调整相关造型处的锚点以及手柄，绘制出准确的领子造型（图3-49）。利用工具箱中的【钢笔工具】 ，绘制出口袋、袖口（图3-50）。最后再完成省道等局部绘制（图3-51）。

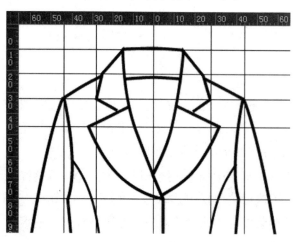

图3-49 领子绘制

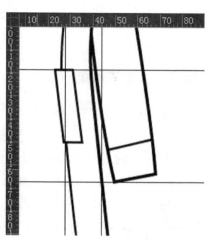

图3-50 局部绘制

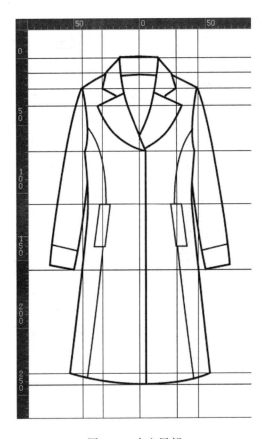

图3-51 大衣局部

步骤四：女大衣细节绘制

在工具箱中选择【钢笔工具】✍，在控制栏设置描边相关数值，粗细为"1.5pt"，虚线"4pt"，间隙"2pt"（图3-52），进行后领座、口袋、袖口等处明缉线的绘制。最后再选择工具箱中的【椭圆工具】⬭，绘制出纽扣，再进行复制、粘贴出其他纽扣，在门襟处对齐均匀排列，女大衣正面即绘制完成（图3-53）。

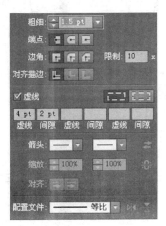

图3-52 描边设置

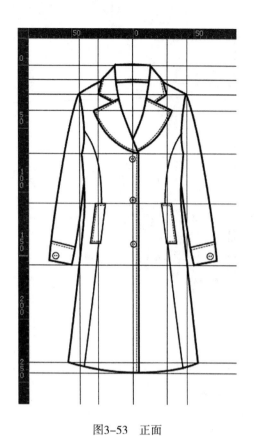

图3-53 正面

步骤五：女大衣背面绘制

（1）将女大衣正面执行菜单栏中"文件→存储为"命令，保存女大衣正面。然后在女大衣正面的基础上，选择【选择工具】，按住"Shift"键的同时选中大衣正面的领子、门襟、口袋、明缉线等细节，然后按"Delete"键删除，得到大衣背面廓型（图3-54）。

（2）选择【钢笔工具】，设置描边粗细为"3pt"，进行后中线与袖子拼合线绘制。女大衣背面即绘制完成（图3-55）。

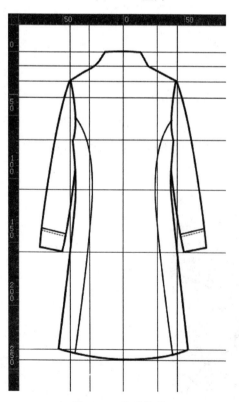

图3-54 背面廓型

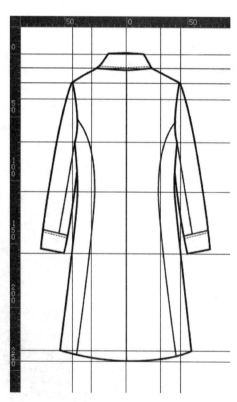

图3-55 背面

第七节　针织罩衫基本款式绘制

针织罩衫是采用针织面料，款式以套头为主的一类服装，因采用的针织面料具有较好的弹性，手感柔软，穿着舒适，常常应用在女性春夏休闲外衣或者作为打底装搭配外套，成为女性重要的服装。针织罩衫基本款式最终效果如图3-56所示。

(a)正面　　　　　　　　　　　　(b)背面

图3-56　针织罩衫

步骤一：辅助线设置

依据前述方法，在绘图区按照1：5的比例，按照罩衫相关数据进行辅助线的设置（图3-57）。

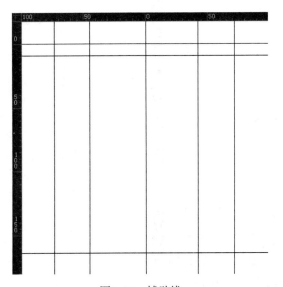

图3-57　辅助线

步骤二：罩衫廓型绘制

参照辅助线，选择工具箱中的【钢笔工具】，在控制栏里设置描边粗细为"4pt"，描边色为"黑色"，参照辅助线绘制出罩衫基本廓型，再选择工具箱中的【直接选择工具】，调整锚点以及手柄，绘制出罩衫廓型（图3-58）。

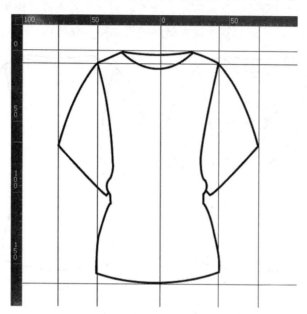

图3-58 罩衫廓型

步骤三：罩衫细节绘制

用【钢笔工具】，设置描边相关数值，粗细为"2pt"，虚线"4pt"，间隙"2pt"，在领口、袖口和下摆处进行明缉线的绘制。最后再用【钢笔工具】，设置描边粗细为"2pt"，进行褶皱的绘制（图3-59）。

步骤四：图案绘制

（1）在菜单栏中执行"文件→置入"命令，将JPG格式的图案置入编辑区中（图3-60），并调整图片的大小，利用【选择工具】将图案拖入

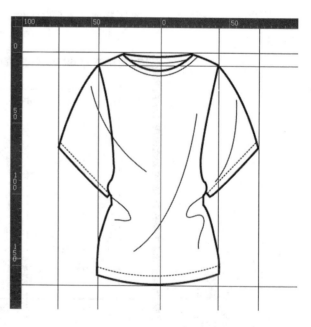

图3-59 罩衫细节绘制

罩衫中合适位置（图3-61）。

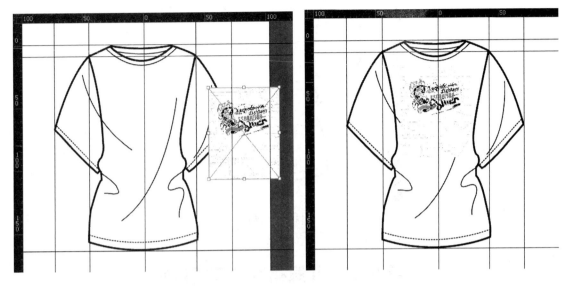

图3-60　罩衫图案置入　　　　　　　　　　图3-61　罩衫图案位置调整

（2）单击工具箱中【选择工具】，选中刚置入的图案，在菜单栏中执行"窗口→透明度"命令，打开【透明度】面板，选择其中的"正片叠底"选项（图3-62），最终得到与罩衫融合在一起的图案效果（图3-63）。

图3-62　透明度面板　　　　　　　　　　图3-63　图案效果

步骤五：背面绘制

在复制的罩衫正面的基础上，选择【选择工具】，复选罩衫正面图案、领口、褶皱线等细节，然后按"Delete"键删除，调整后领口缉线，得到罩衫背面效果（图3-64）。

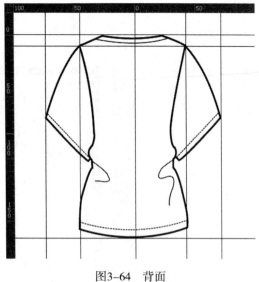

图3-64　背面

第八节　礼服裙基本款式绘制

礼服裙主要款式为连身裙形式，为上衣与下裙相连的服装，常用于西方女性的宴会、派对、晚会等正式场合。随着我国生活水平的提高，生活方式的多样化，礼服裙越来越受到女性的重视。礼服裙基本款式最终效果如图3-65所示。

(a)正面　　　　　　　　(b)背面

图3-65　礼服裙

步骤一：辅助线设置

依据前述方法，在绘图区按照1：5的比例，按照礼服裙相关数据进行辅助线的设置（图3-66）。

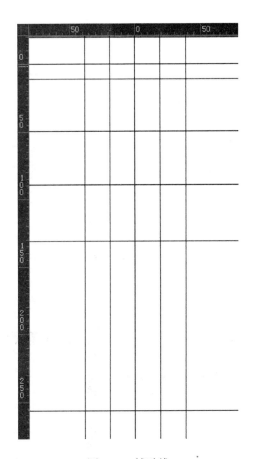

图3-66　辅助线

步骤二：礼服裙廓型绘制

（1）参照辅助线，选择工具箱中的【钢笔工具】 ，在控制栏里设置描边粗细为"4pt"，描边色为"黑色"，参照辅助线绘制出礼服裙基本廓型，再选择工具箱中的【直接选择工具】 ，调整锚点以及手柄，绘制出准确的礼服裙廓型（图3-67）。

（2）参照辅助线绘制出左侧袖子，选择工具箱中的【直接选择工具】 ，调整锚点以及手柄，绘制出准确袖型，再将左侧袖子在菜单栏中执行"编辑→复制"与"编辑→粘贴"命令后，复制出新袖子，将新袖子在菜单栏中执行"对象→变换→对称→垂直对称"命令，得到右侧袖子，并移动到相应位置（图3-68）。

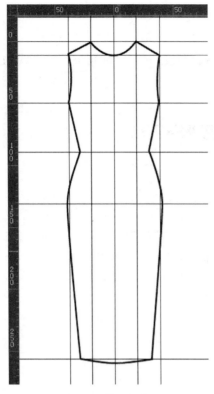

图3-67　礼服裙廓型

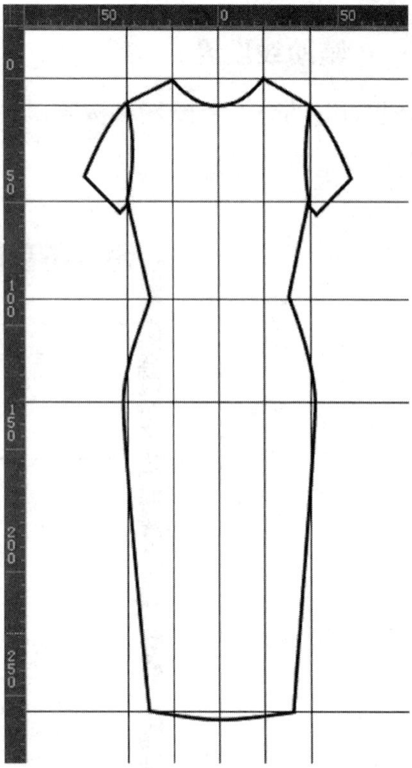

图3-68　袖型绘制

步骤三：礼服裙局部绘制

选择工具箱中的【矩形工具】 ▣，依据辅助线的位置，绘制出礼服裙腰带，再用钢笔工具绘制省道（图3-69）。

步骤四：礼服裙细节绘制

用【钢笔工具】 ✐，设置相关描边数值，粗细为"1.5pt"，虚线"4pt"，间隙"2pt"，进行腰带处明缉线的绘制。最后，选择工具箱中的【矩形工具】 ▣，绘制出一大一小矩形金属扣（图3-70）。

使用工具箱中的【椭圆工具】 ◯，绘制出扣眼，以及扣襻等细节（图3-71）。

最终礼服正面款式如图3-72。

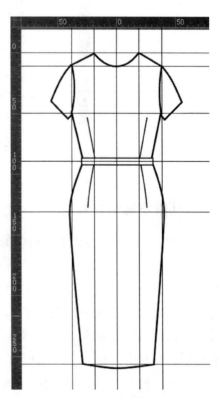

图3-69　腰带与省道绘制

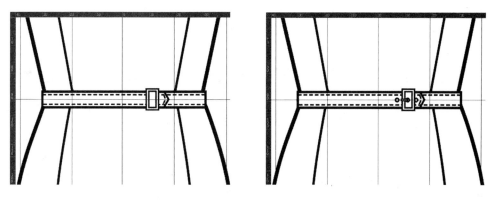

图3-70　细节绘制　　　　　　　　　图3-71　细节绘制

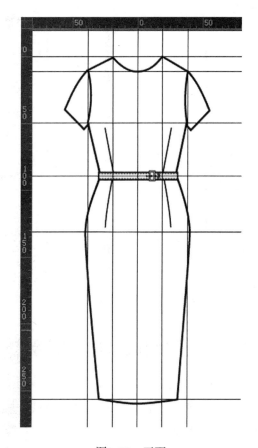

图3-72　正面

步骤五：礼服裙背面绘制

（1）将礼服裙正面执行菜单栏中"文件→存储为"命令，保存礼服裙正面。然后在礼服裙正面的基础上，选择【选择工具】，框选住礼服裙正面的金属扣、扣眼等细节，然后删除，得到礼服裙背面基本廓型（图3-73）。

（2）选择【钢笔工具】，设置描边粗细为"3pt"，进行后中线绘制。礼服裙背面即绘制完成（图3-74）。

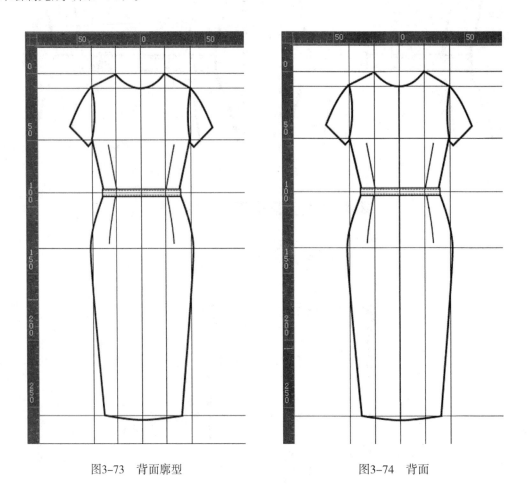

图3-73　背面廓型　　　　　　　　　　图3-74　背面

第九节　羽绒服基本款式绘制

羽绒服是冬季女性主要的外出服之一，采用内充羽绒填料，具有很好的保暖性能。由于采用了填充料，在外观上呈现蓬松、柔软、圆润的效果，羽绒服基本款式最终效果如图3-75所示。

步骤一：辅助线设置

依据前述方法，在绘图区按照1∶5的比例，按照羽绒服相关数据进行辅助线的设置（图3-76）。

(a)正面　　　　　　　　　　　　(b)背面

图3-75　羽绒服

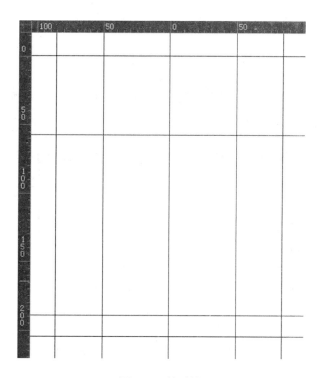

图3-76　辅助线

步骤二：羽绒服廓型绘制

（1）参照辅助线，选择工具箱中的【钢笔工具】，在控制栏里设置描边粗细为
"4pt"，描边色为"黑色"，参照辅助线绘制出羽绒服基本廓型，再选择工具箱中的
【直接选择工具】，调整锚点以及手柄，绘制出准确的羽绒服廓型（图3-77）。

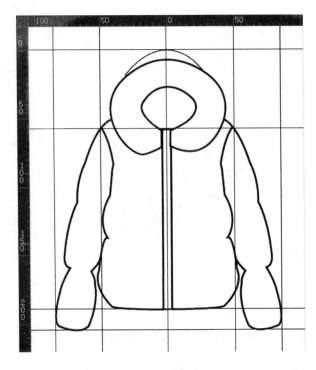

图3-77　羽绒服廓型

（2）选择工具箱中的【钢笔工具】 ✎，在控制栏里设置描边粗细为"3pt"，描边色为"黑色"，绘制出羽绒服的绗缝线（图3-78）。

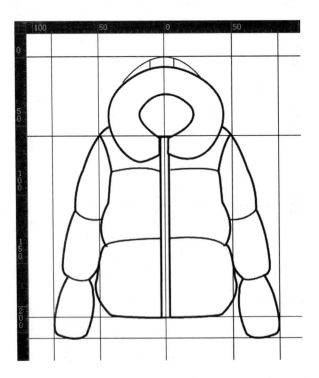

图3-78　绗缝线绘制

（3）选择【钢笔工具】 ，设置相关描边数值，粗细为"2pt"，进行绗缝处细节绘制与口袋绘制（图3-79）。

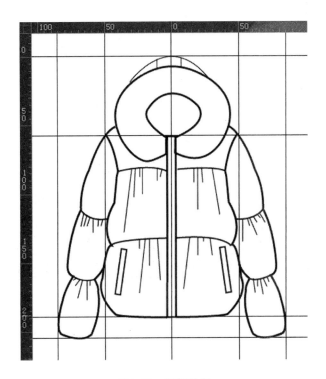

图3-79　局部绘制

步骤三：仿裘毛帽绘制

（1）选择工具箱中的【选择工具】 ，选中仿裘毛帽檐处，在工具箱中双击【填色】工具，对颜色进行设置（图3-80），将仿裘毛帽檐处颜色设置为"浅灰色"（图3-81）。

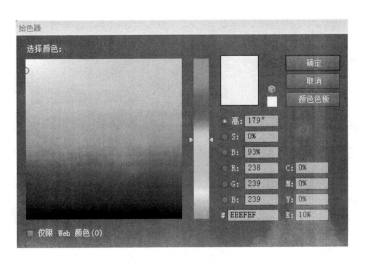

图3-80　颜色设置

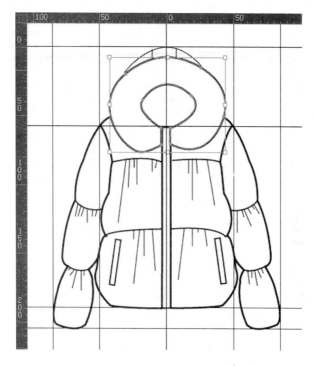

图3-81　颜色填充

（2）用【选择工具】 选中仿裘毛帽檐处，在菜单栏中执行"效果→模糊→高斯模糊"命令，在弹出的对话框中进行数值的设定（图3-82），得到仿裘毛效果（图3-83）。

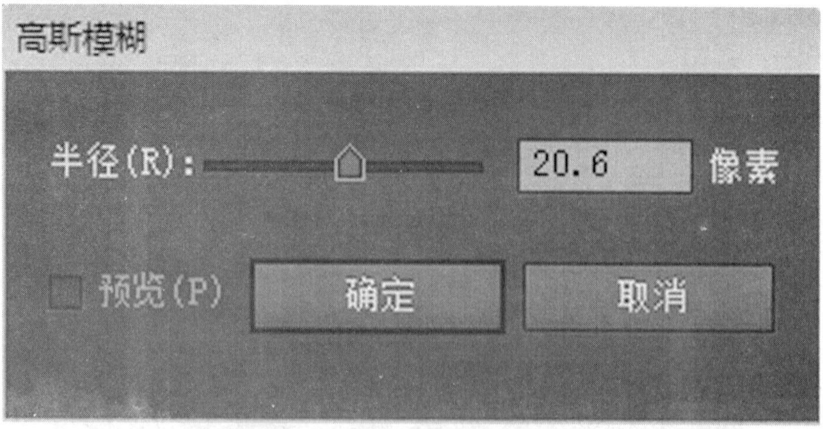

高斯模糊

半径(R)：▭ 20.6 像素

□ 预览(P)　　确定　　取消

图3-82　高斯模糊数值

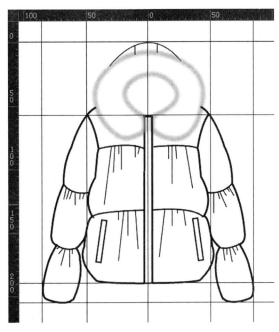

图3-83　仿裘毛帽檐效果

步骤四：羽绒服背面绘制

　　将羽绒服正面执行菜单栏中"文件→存储为"命令，保存羽绒服正面。然后在羽绒服正面的基础上，选择【选择工具】，框选住羽绒服正面的帽子、门襟等部位后删除，得到羽绒服背面基本廓型，在此基础上再进行羽绒服背面其他细节的绘制。最终得到羽绒服背面效果（图3-84）。

图3-84　背面

思考练习题

1. 用Illustrator CS6软件分别绘制出半截裙、西裤、衬衫、罩衫、西装、夹克、大衣、礼服裙、羽绒服基本款式。

2. 用Illustrator CS6软件，在半截裙、西裤、衬衫、罩衫、西装、夹克、大衣、礼服裙、羽绒服基本款式基础上各绘制三款变化款式。

3. 调查搜集近三年世界四大时装周资料，为后面服装款式设计的进一步学习准备素材。

Illustrator服装款式设计与案例精析——

Illustrator半截裙款式设计

教学内容： 1. 半截裙款式廓型设计

2. 半截裙款式结构设计

3. 半截裙款式局部设计

4. 半截裙款式设计案例精析

课程课时： 4课时

教学目的： 掌握应用Illustrator软件进行半截裙款式设计的方法。

教学方式： 实操演示，现场辅导。

教学要求： 1. 掌握半截裙款式设计中廓型设计的种类与要点。

2. 掌握半截裙款式设计中结构设计的种类与要点。

3. 掌握半截裙款式设计中局部设计的种类与要点。

4. 通过案例精析掌握颜色填充的方法。

课前准备： 需计算机机房上课，计算机需要预装Illustrator CS6 软件，课前需搜集准备最新的半截裙款式设计案例素材。

第四章 Illustrator半截裙款式设计

半截裙与女性裤装一起成为女性衣橱内必不可少的下装。与裤装相比，半截裙的款式设计具有更加丰富的种类和形态，能充分体现女性风格，在春夏女装中广泛使用。

第一节 半截裙款式廓型设计

半截裙廓型种类丰富，是在进行半截裙款式设计时首要考虑的要素，不同的风格、场合、季节的半截裙，其廓型设计都不尽相同。

根据不同的角度，半截裙能划分出各种不同类型的廓型。在进行半截裙款式设计时，要根据不同情况对各种廓型进行选择。

一、根据长短分类

半截裙根据不同的长短可分为：超短裙、短裙、中长裙、长裙、及地裙等。

1.**超短裙**：超短裙又称迷你裙，裙长至臀部以下，大腿上部，最早在20世纪60年代风靡于欧美国家，表现出对传统束缚的反叛，成为20世纪60年代最有代表的女性服饰并一直影响至今（图4-1）。

(a)	(b)	(c)
(d)	(e)	(f)

(g)　　　　　　　　　　　　(h)

图4-1　超短裙

2. **短裙**：裙长至大腿中部与膝盖之间，常应用于休闲风格的半截裙设计中，穿着轻松、随意、自由、活泼，常见于少女裙装中（图4-2）。

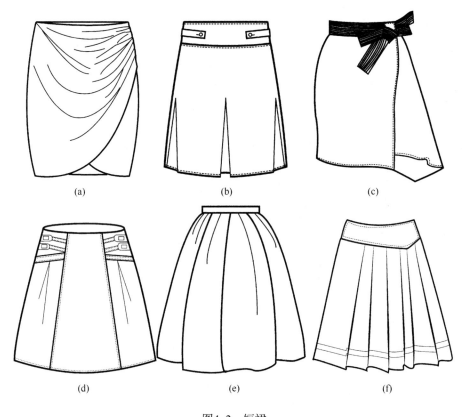

(a)　　　　　　　　　　(b)　　　　　　　　　　(c)

(d)　　　　　　　　　　(e)　　　　　　　　　　(f)

图4-2　短裙

3. **中长裙**：中长裙长度至膝盖到小腿肚之间，与平整挺括的精纺面料结合常应用在职业裙装中，体现出端庄、严谨、优雅的风格。另外，与柔软的面料结合也常用于休闲女裙的设计中（图4-3）。

(a)

(b)

(c)

(d)

(e)

(f)

(g)

(h)

图4-3 中长裙

4. **长裙**：长度在小腿肚到脚踝之间，常应用于休闲风格、舞台服、晚礼服的裙装设计中，具有飘逸、潇洒之感（图4-4）。

(a)　　　　　　　　　(b)　　　　　　　　　(c)

(d)　　　　　　　　　(e)　　　　　　　　　(f)

图4-4　长裙

二、根据线条造型分类

半截裙根据不同的线条造型分为：直线型裙、曲线型裙。

1. **直线型**：直线型半截裙款式廓型呈现干净、利落的直线形态，风格简洁明了、端正严谨，较常应用于职业裙装中（图4-5）。

图4-5　直线型裙

2. **曲线型**：曲线型半截裙款式廓型呈现婀娜、婉约的曲线形态，风格浪漫、性感、女性味十足，是极具女性化风格的裙子廓型（图4-6）。

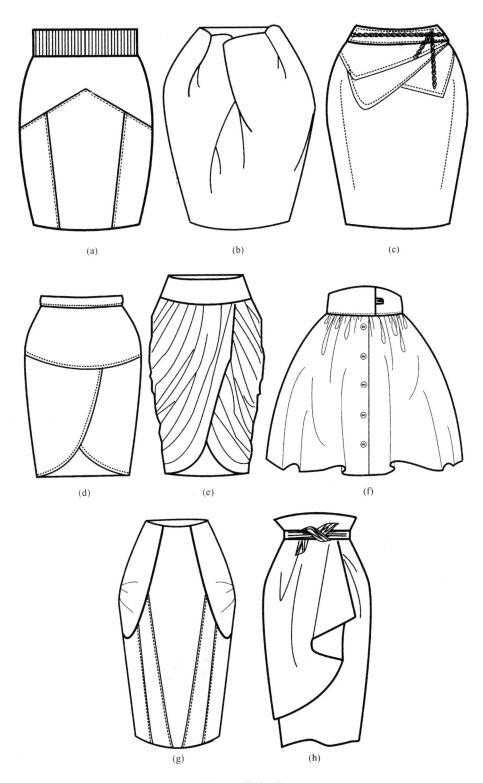

(a)   (b)   (c)

(d)   (e)   (f)

(g)   (h)

图4-6 曲线型裙

第二节　半截裙款式结构设计

半截裙款式的结构设计，是对半截裙进行差异化、系列化设计时重要的手段和方式，某些品牌女装的半截裙款式廓型设计是其品牌的标志设计之一，一般在廓型设计上不会有较为明显的变化，具有一定的稳定性，从而使得半截裙的结构设计与局部设计成为半截裙款式设计差异化的重要载体。

在进行半截裙款式的结构设计时，要充分应用结构设计使半截裙的款式具有良好的比例和严谨的结构，另外，在工艺上还要考虑采用何种工艺实现最终的结构效果。半截裙的结构设计除了进行腰线位置的变化外，更多依靠分割线拼接进行。

一、腰线

半截裙根据腰线的高低可分为：低腰半截裙、中腰半截裙、高腰半截裙。

1. **低腰半截裙**：低腰半截裙即腰线在正常腰线以下，一般多采用无腰带的结构，常应用于超短裙的结构设计中，呈现俏皮、可爱的少女风格（图4-7）。

(a)　　　　　　　　　　(b)　　　　　　　　　　(c)

(d)　　　　　　　　　　(e)　　　　　　　　　　(f)

图4-7　低腰裙

2. **中腰半截裙**：中腰半截裙即裙子的腰头位于人体正常的腰围线位置，是采用最为广泛的腰线结构，腰头一般为3cm左右的腰带构成（图4-8）。

（a）　　　　　　　　（b）　　　　　　　　（c）

（d）　　　　　　　　（e）　　　　　　　　（f）

图4-8　中腰裙

3. **高腰半截裙**：高腰半截裙腰位抬高至腰线以上到胸部以下，结构与连腰裙类似，结合腰部的形态、工艺、装饰等的变化能设计出丰富的腰部结构造型（图4-9）。

二、分割线

半截裙的省道比衣身省道简单，在半截裙的结构设计中，省道融入分割线与纯粹的分割线设计都为常见的结构设计方法（图4-10）。

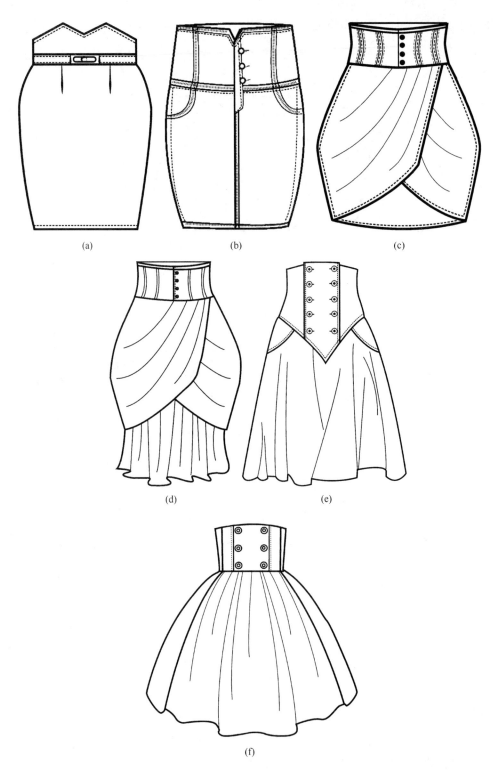

(a)　　　　　　　　　　(b)　　　　　　　　　　(c)

(d)　　　　　　　　　　(e)

(f)

图4-9　高腰裙

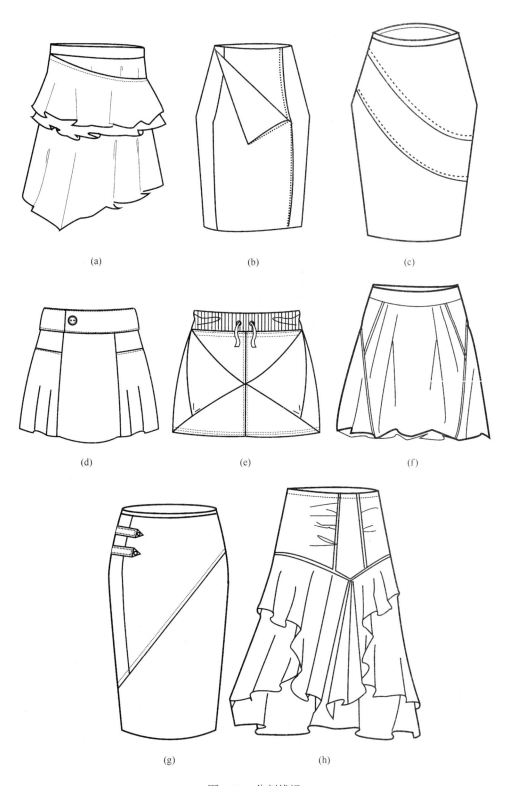

(a)　　　　　　　　(b)　　　　　　　　(c)

(d)　　　　　　　　(e)　　　　　　　　(f)

(g)　　　　　　　　(h)

图4-10　分割线裙

第三节　半截裙款式局部设计

同结构设计一样，半截裙款式的局部设计也是半截裙进行差异化、系列化设计的重要手段，半截裙款式局部设计的手法与方式极其丰富，能为半截裙设计提供广阔的设计空间。半截裙款式局部设计主要体现在如下几个方面：

1. **腰部设计**：半截裙的腰部设计结合高腰结构、装饰手法、工艺特点，可设计出丰富多样的效果，因所处的位置，具有较强的视觉冲击力，是半截裙局部设计中重要的设计手法（图4-11）。

(a)　　　　　　　　　　(b)　　　　　　　　　　(c)

(d)　　　　　　　　　　　　　　　　(e)

(f)　　　　　　(g)　　　　　　(h)

图4-11　腰部设计

2.口袋设计：口袋本身具有较强的实用性与装饰性，在半截裙的局部设计中，常常结合口袋的工艺、造型、结构特点等进行口袋的多样化设计，能表现出较强的休闲、轻松的设计风格（图4-12）。

(a)　　　　　　(b)　　　　　　(c)

(d)　　　　　　(e)　　　　　　(f)

图4-12　口袋设计

3.**侧部设计**：半截裙的侧面也是局部设计中常常进行重点表现的部位，可结合面料的肌理、装饰工艺、拼接等多种手法进行设计（图4-13）。

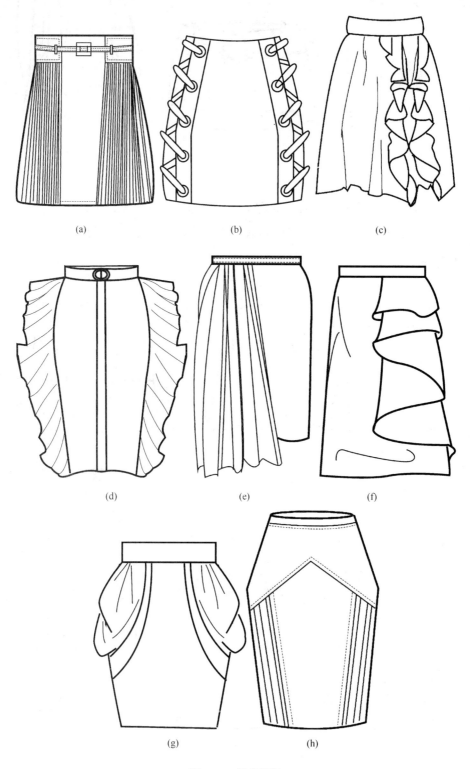

| (a) | (b) | (c) |

| (d) | (e) | (f) |

| (g) | (h) |

图4-13　侧部设计

4. **下摆设计**：半截裙的下摆作为服装设计中的结束部位，常常在局部设计中被忽略，在进行下摆设计时，可以综合考虑下摆的线条造型、装饰、拼接等手法（图4-14）。

图4-14 下摆设计

5.其他局部设计：作为女性代表服装的半截裙，局部设计的手法非常多样，除了以上的手法，局部设计还体现在诸如门襟、纽扣、腰带、拼缝线、面料肌理等设计上，使得半截裙呈现出极强的装饰性和女性化风格（图4-15）。

图4-15　其他局部设计

第四节　半截裙款式设计案例精析

此款半截裙整体廓型呈现钟状效果，故名钟状裙（图4-16），通过此案例的详细解析，主要掌握颜色填充的具体方法。

图4-16　钟状裙

步骤一：辅助线设置

依据钟状裙关键数据，如腰围/2为32cm、下摆宽60cm、裙长45cm、腰头宽4cm等数据，在绘图区，按照1:5的比例（单位：cm）进行辅助线的设置（图4-17）。

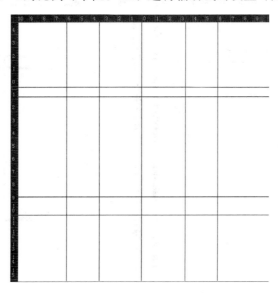

图4-17　辅助线

步骤二：钟状裙廓型绘制

（1）参照辅助线，单击工具箱中的【矩形工具】 ，在控制栏里设置描边粗细为 "5pt"，描边色为 "黑色"（图4-18），参照辅助线绘制出裙腰矩形（图4-19）。

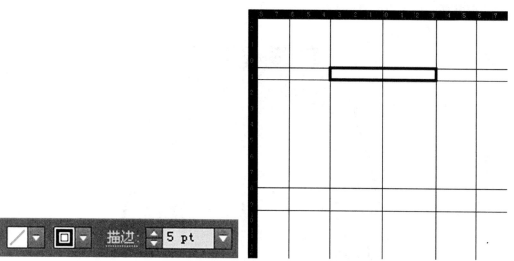

图4-18　控制栏数据设置　　　　　　　　图4-19　裙腰绘制

（2）选择工具箱中的【钢笔工具】 ，绘制出左边的裙身曲线，在用【钢笔工具】绘制裙摆时，为了不影响裙身曲线的造型，可将鼠标移至所绘制的左边裙身曲线末端，随即出现转换锚点的标示 （图4-20），并单击。接着即可绘制出裙摆与右边裙身曲线（图4-21）。

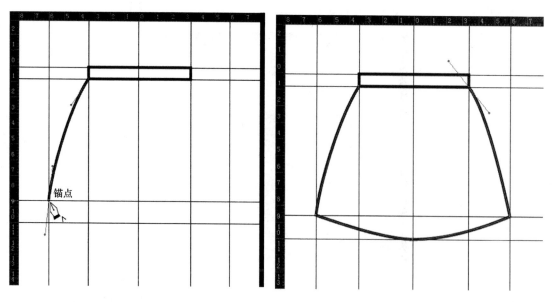

图4-20　转换锚点　　　　　　　　　　　图4-21　裙摆与裙身绘制

（3）选择工具箱中的【直接选择工具】，拖动裙身锚点及其两端的手柄以调整出合适的造型。选择工具箱中的【添加锚点工具】，在裙摆适当位置增加锚点，并拖动调整锚点至合适位置，拖动锚点两侧的手柄以调整曲线形状，钟状裙的廓型基本绘制完成（图4-22）。

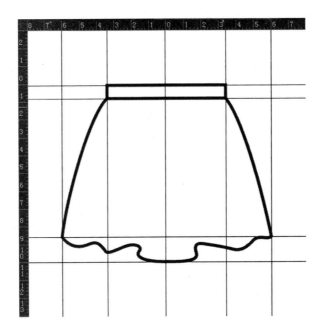

图4-22 钟状裙廓型

步骤三：钟状裙前片细节绘制

（1）点击控制栏中的【描边】，弹出【描边面板】（图4-23），对其中的粗细和虚线数值进行设置，然后用【钢笔工具】绘制出裙腰头明缉线（图4-24）。

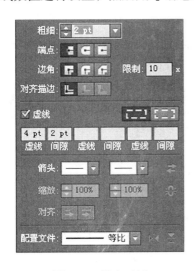

图4-23 描边面板

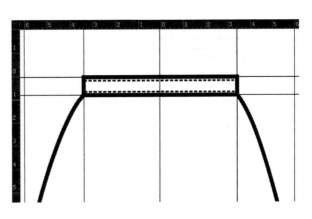

图4-24 裙腰虚线绘制

（2）选择工具箱中的【钢笔工具】 ，绘制钟状裙前身的门襟线。选择工具箱中的【椭圆工具】 ，绘制出搭门处的纽扣（图4-25）。

（3）选择工具箱中的【钢笔工具】 ，设置一定的描边粗细，绘制钟状裙前身的褶裥线。钟状裙正面即绘制完成（图4-26）。

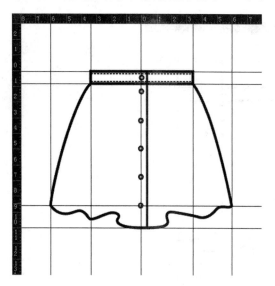

图4-25　门襟与纽扣绘制　　　　　　　　　　图4-26　钟状裙正面

步骤四：钟状裙色彩填充

（1）对钟状裙进行填色之前，首先要确定填色相关图形是否为闭合路径，用【选择工具】 将裙身拉开一定距离检查裙身是否闭合（图4-27）。若未闭合，需用【钢笔工具】 将不是闭合的图形进行闭合（图4-28）。注意，在进行最后闭合时，【钢笔工具】 移至闭合点会呈现如图4-29所示效果，右键单击确认即完成闭合操作，最后再将裙身移回原来位置。

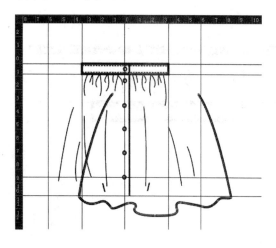
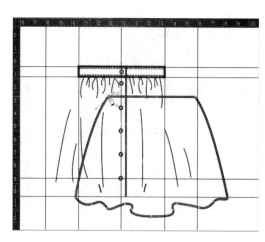

图4-27　移动裙身　　　　　　　　　　　　图4-28　闭合裙身

（2）用【选择工具】选中裙腰，在控制栏里，单击填色工具的下拉按钮，弹出【色板面板】（图4-30），按住"Shift"键单击则弹出替代色彩用户界面（图4-31），对所需颜色进行设置后，即完成裙腰的填色操作（图4-32），同样方法用【选择工具】选中裙身，对所需颜色进行设置后（图4-33），完成裙身的填色操作（图4-34）。

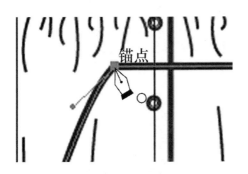

图4-29 闭合图示

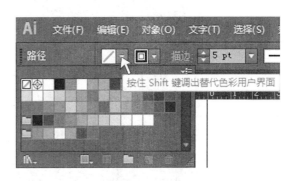

图4-30 色板面板

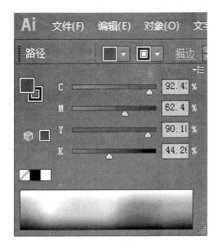

图4-31 替代色彩用户界面

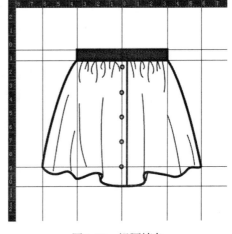

图4-32 裙腰填色

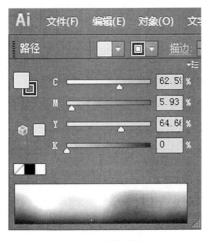

图4-33 颜色设置

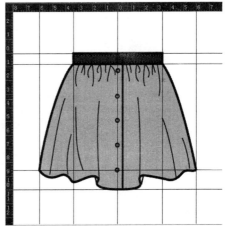

图4-34 裙身填色

另外，色彩的填充也可通过直接双击工具箱中的填色工具，弹出拾色器（图4-35），对填充色进行设置。

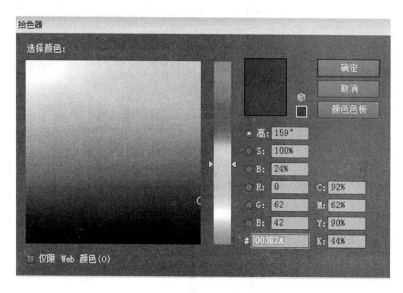

图4-35　拾色器

需要说明的是，对于简单图像的色彩填充可以采用此种方法，但如果图像较为复杂，采用此种方法检查路径是否闭合再进行准确填充会十分麻烦，将在后面章节中针对复杂图像的色彩快捷填充进行介绍。

思考练习题

1. 用Illustrator CS6软件分别绘制出半截裙廓型设计五款。

2. 用Illustrator CS6软件分别绘制出半截裙结构设计五款。

3. 用Illustrator CS6软件分别绘制出半截裙局部设计五款。

4. 用Illustrator CS6软件进行半截裙款式综合设计三款，并进行色彩填充。

Illustrator服装款式设计与案例精析——

Illustrator裤装款式设计

教学内容： 1. 裤装款式廓型设计

2. 裤装款式结构设计

3. 裤装款式局部设计

4. 裤装款式设计案例精析

课程课时： 4课时

教学目的： 掌握应用Illustrator软件进行裤装款式设计的方法。

教学方式： 实操演示，现场辅导。

教学要求： 1. 掌握裤装款式设计中廓型设计的种类与要点。

2. 掌握裤装款式设计中结构设计的种类与要点。

3. 掌握裤装款式设计中局部设计的种类与要点。

4. 通过案例精析掌握牛仔面料填充与水洗效果面料模拟方法。

课前准备： 需计算机机房上课，计算机需要预装Illustrator CS6软件，课前需搜集准备最新的裤装款式设计案例素材。

第五章　Illustrator裤装款式设计

　　裤子，泛指穿在腰部以下，由一个裤腰、一个裤裆、两条裤腿缝纫而成。在西方服装发展史中，裤装很晚才进入女装中，在西方传统社会，女性穿裤子被认为是不道德与有伤风俗的行径，直到20世纪80年代，随着欧美爆发广泛的女权运动以及女性更加大范围地参与社会工作，裤装开始成为女性的普遍着装。女裤品种繁多，根据女裤着装场合，可分为西裤、牛仔裤、工装裤、休闲裤、打底裤等，本文下述主要以款式的特点进行分类介绍。

第一节　裤装款式廓型设计

　　女裤品种较多，根据女裤长短，女裤廓型可分为超短裤、短裤、中长裤、长裤；根据女裤的轮廓造型，女裤又可分为锥形裤、直筒裤、喇叭裤等。

一、根据裤装长短分类

　　根据裤装不同的长短分为：超短裤、短裤、中长裤、长裤。

　　1. **超短裤**：超短裤也称热裤，长度约至大腿根部，起源于20世纪70年代，是继20世纪60年代超短裙后又一具有叛逆性的款式，常与T恤、卫衣搭配，成为经典少女着装（图5-1）。

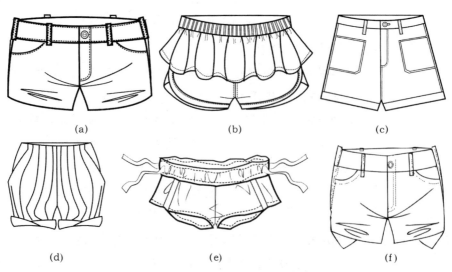

(a)	(b)	(c)
(d)	(e)	(f)

图5-1　超短裤

2. **短裤**：在西方服饰中，诸如牙买加短裤、百慕大短裤、甲板短裤都属于短裤范畴，长度为大腿中部到膝盖之间。短裤因其短小、宽松、凉爽等特点，成为女性春夏休闲着装中重要的裤装（图5-2）。

（a） （b） （c）

（d） （e） （f）

图5-2 短裤

3. **中长裤**：在西方服饰中的斗牛士裤、七分裤、卡普里（Capri）裤都属于中长裤，长度在小腿附近，中长裤裤脚一般收窄，常与靴子搭配，呈现出干练、帅气的着装效果（图5-3）。

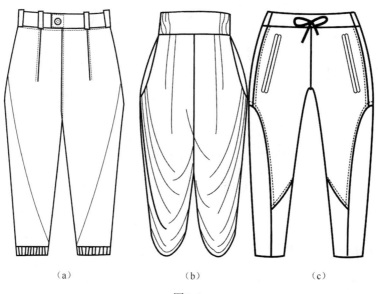

（a） （b） （c）

图5-3

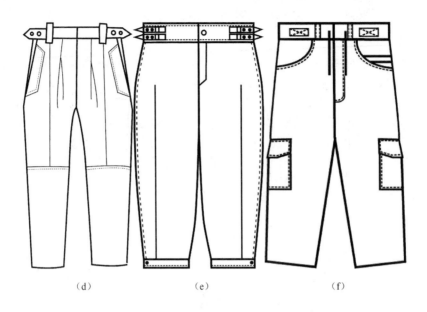

（d） （e） （f）

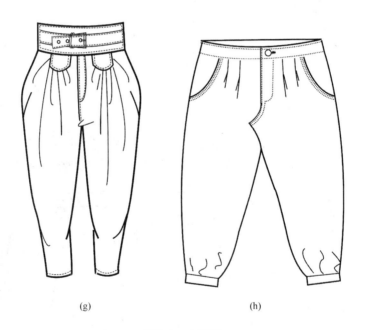

(g) (h)

图5-3 中长裤

4. **长裤**：长裤的种类繁多，比如西裤、牛仔裤、工装裤、铅笔裤、喇叭裤等都属于长裤，长度一般及脚踝（图5-4）。

二、根据裤装的轮廓分类

根据裤装轮廓可分为：锥形裤、直筒裤、喇叭裤等。

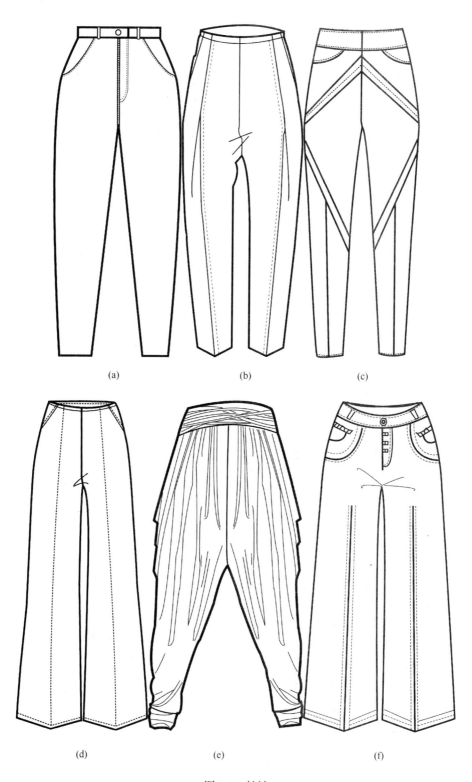

(a)　　　　　　　　(b)　　　　　　　　(c)

(d)　　　　　　　　(e)　　　　　　　　(f)

图5-4　长裤

1. **锥形裤**：锥形裤一般为裤管往下渐趋收窄、臀部较为宽松的裤装，能较好地体现出女性身材修长、挺拔的效果（图5-5）。

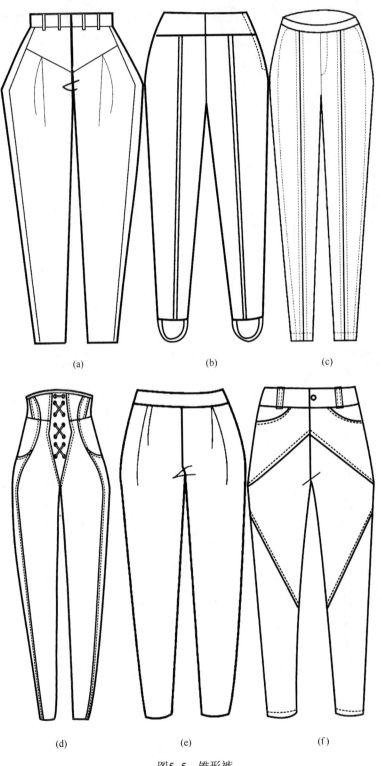

(a)　　　　　　　(b)　　　　　　　(c)

(d)　　　　　　　(e)　　　　　　　(f)

图5-5　锥形裤

2. **直筒裤**：又简称"筒裤"，直筒裤的裤脚口与膝盖处一样宽，裤管挺直，给人以整齐、严谨、稳重之感，常体现在西裤、牛仔筒裤款式中（图5-6）。

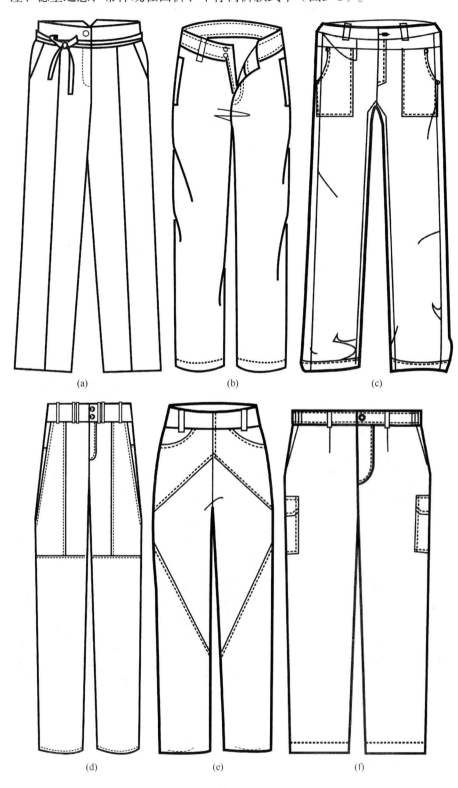

图5-6

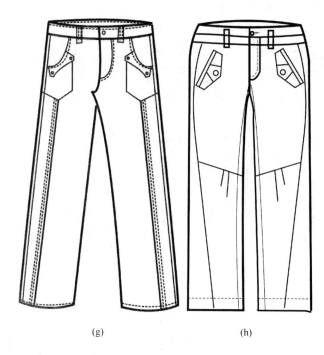

(g)   (h)

图5-6   直筒裤

3. **喇叭裤**：风靡于20世纪70年代，因裤腿形状似喇叭而得名。它的特点是臀部合体，裤腿上窄下宽，从膝盖以下逐渐张开，裤口的尺寸明显大于膝围尺寸，形成喇叭状。按裤口放大的程度，喇叭裤可分为大喇叭裤、小喇叭裤及微型喇叭裤（图5-7）。

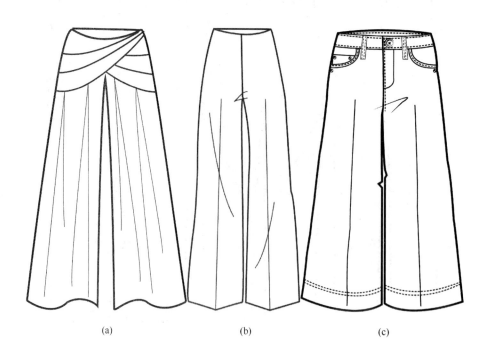

(a)   (b)   (c)

(d)　　　　　　　　　　(e)　　　　　　　　　　(f)

图5-7　喇叭裤

第二节　裤装款式结构设计

裤装的结构设计主要体现在分割线与腰线位置上，因裤装自身的结构特点不同于上衣，省道设计在裤装结构设计中并不多见。

一、分割线

分割线是裤装结构设计较为常用的方法，利于不同造型的分割线，再结合不同颜色、材料、图案的面料拼接，能设计出样式新颖的裤装（图5-8）。

二、腰线

裤装根据腰线的高低可分为：低腰裤、中腰裤、高腰裤。

1.**低腰裤**：裤腰在肚脐以下，以胯骨为基线，充分展示人的腰身，一般无腰头，能充分体现女性的性感、俏皮的风格，较多应用在牛仔裤、超短裤中（图5-9）。

2.**中腰裤**：为正常腰线的裤装，裤腰位于腰围线附近，也就是人腰部最细的地方，大约在肚脐位，中腰裤是应用范围最广的裤装（图5-10）。

3.**高腰裤**：即腰线高过正常腰线的裤装，高腰裤的腰部常成为裤装设计的重点，在结构上一般采用连腰结构，是较有特点的裤装之一（图5-11）。

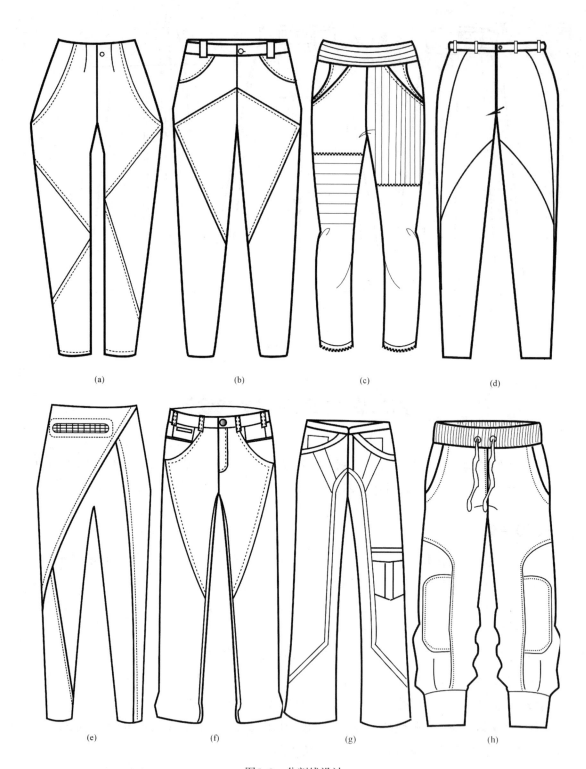

图5-8 分割线设计

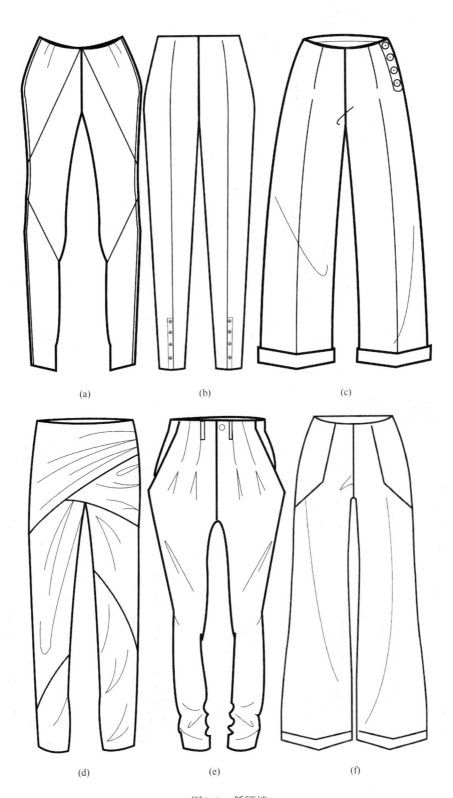

(a)   (b)   (c)

(d)   (e)   (f)

图5-9 低腰裤

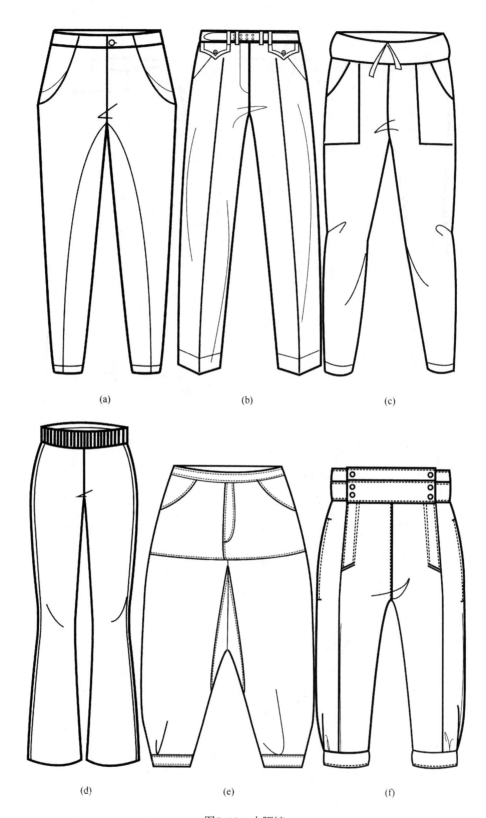

图5-10　中腰裤

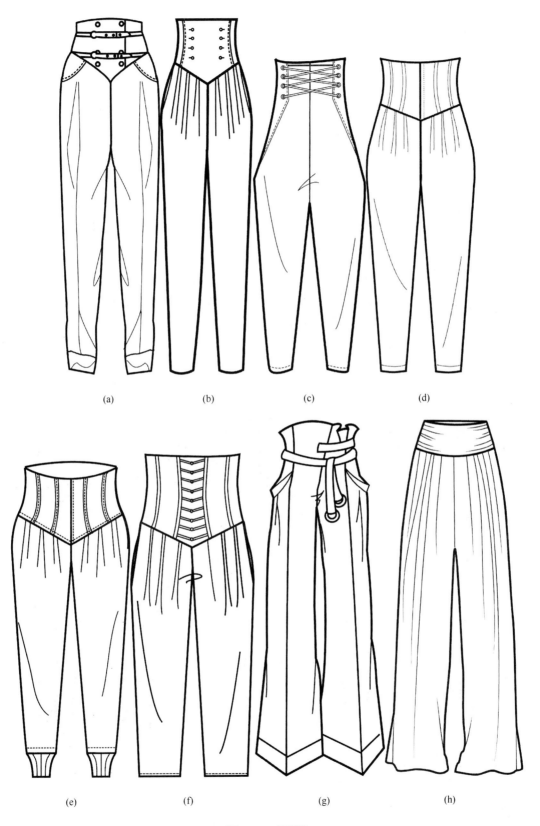

(a)　　　　　　　(b)　　　　　　　(c)　　　　　　　(d)

(e)　　　　　　　(f)　　　　　　　(g)　　　　　　　(h)

图5-11　高腰裤

第三节 裤装款式局部设计

裤装的局部设计与上装相比，相对来说要少，主要是体现在腰部、口袋与裤脚的设计上。

1. **腰部**：裤装的腰部设计在裤装局部款式设计中最为突出和重要，因腰部在裤装中较为明显，且起着分割上下装的作用，所以裤装腰部的设计最能体现裤装的时尚性与装饰性（图5-12）。

2. **口袋**：裤装中的口袋兼具实用性与装饰性，根据口袋自身的工艺、造型、位置等的变化，可对裤装口袋进行多元化的设计（图5-13）。

3. **裤脚**：裤脚常常在设计中被忽视，但对裤装的整体款式却起到关键的作用，比如喇叭裤、锥形裤、直筒裤就是靠裤脚的造型变化得以实现，另外，裤脚再结合面料拼贴、分割、花边等手法也能设计出极具装饰性的裤脚款式（图5-14）。

4. **其他局部设计**：裤装局部款式设计除了常用的腰部、口袋、裤脚设计外，在其他部位，比如裆部、侧缝、裤腿等部位同样可进行裤装的局部设计（图5-15）。

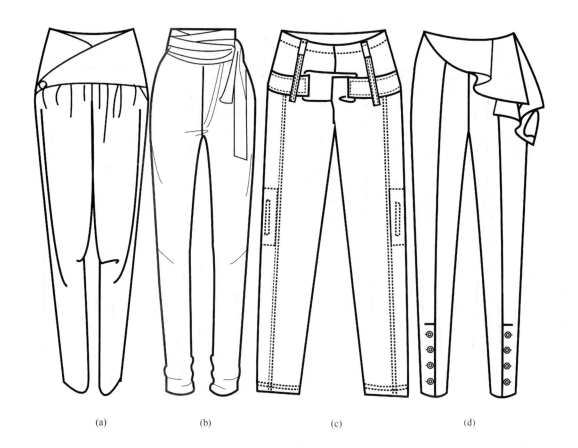

(a)   (b)   (c)   (d)

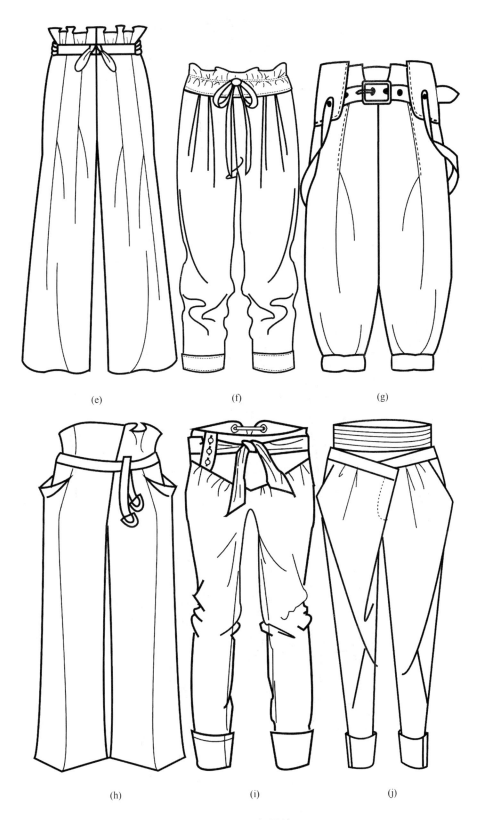

(e)　　　　　　　　(f)　　　　　　　　(g)

(h)　　　　　　　　(i)　　　　　　　　(j)

图5-12　腰部设计

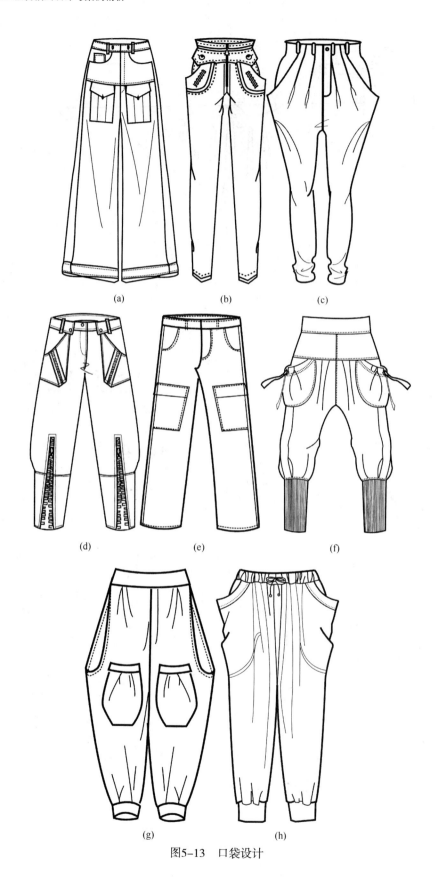

(a)　　　　　(b)　　　　　(c)

(d)　　　　　(e)　　　　　(f)

(g)　　　　　(h)

图5-13　口袋设计

(a)　　　　　　　　　　(b)　　　　　　　　　　(c)

(d)　　　　　　　　　　(e)　　　　　　　　　　(f)

图5-14 裤脚设计

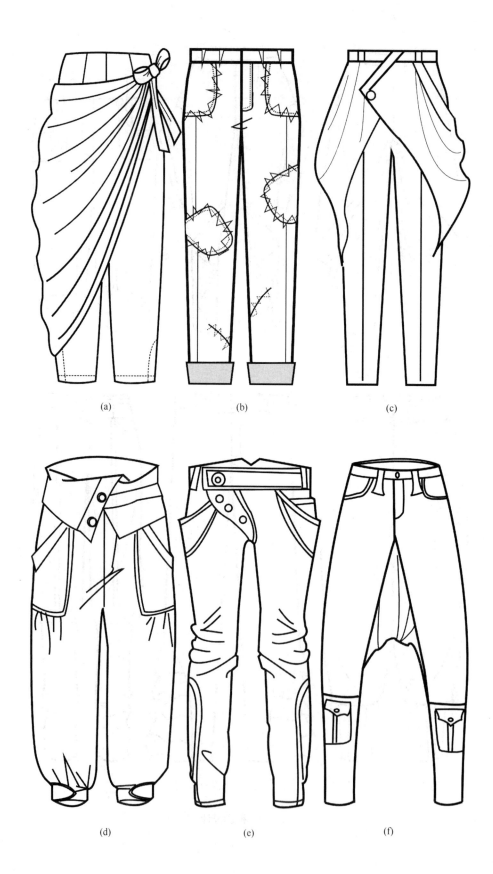

(a)　　　　　　　　　　(b)　　　　　　　　　　(c)

(d)　　　　　　　　　　(e)　　　　　　　　　　(f)

(g)   (h)

图5-15　其他局部设计

第四节　裤装款式设计案例精析

　　此款裤装为廓型呈现喇叭状效果的牛仔裤（图5-16），通过此案例的详细解析，主要掌握面料填充与水洗面料效果制作的具体方法。

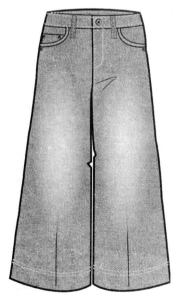

图5-16　牛仔裤

步骤一： 牛仔裤款式绘制

依据前述方法，在设置的辅助线（图5-17）基础上进行牛仔裤款式绘制（图5-18）。需要注意的是，因考虑到将对牛仔裤进行面料的填充，所以牛仔裤廓型需绘制为闭合路径。

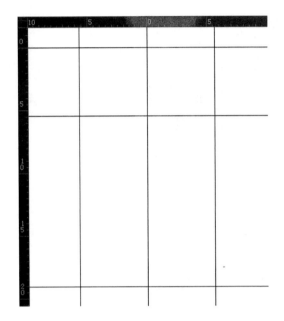

图5-17　辅助线　　　　　　　　　　　　　图5-18　牛仔裤款式绘制

步骤二：牛仔面料填充

（1）在菜单栏中，执行"文件→置入"命令，在弹出的"置入"对话框中，选择目标置入牛仔面料，点击"置入"按钮，将牛仔面料置入（图5-19）。

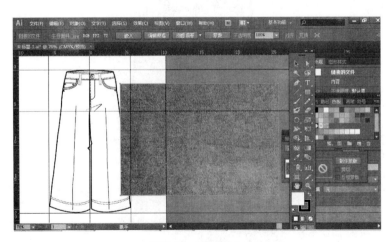

图5-19　面料置入

（2）选择工具箱中的【选择工具】，选
中置入的面料，在控制栏内单击【嵌入】按钮，
执行菜单栏中的"对象→图案→建立"命令，弹
出"图案选项"对话框，如图5-20所示，名称命
名为"牛仔面料"，在其他区域双击鼠标左键，
即在【色板】中新建"牛仔面料"。另外，新建
图案最简单的方法可采用直接选择图片拖入"色
板"面板中，也可新建图案。

（3）此时可将绘图区中的牛仔面料删除，
用工具箱中的【选择工具】，选中牛仔裤款
式的廓型闭合路径，再单击【色板】中新建的"牛
仔面料"，牛仔面料即填充进牛仔款式廓型中
（图5-21）。

（4）用工具箱中的【选择工具】，再次
选中填充面料后的牛仔裤廓型闭合路径，执行菜
单栏中的"对象→变换→缩放"命令。弹出"比
例缩放"对话框，设置相关数值（图5-22），单
击"确定"按钮，即将图案比例进行缩放。

图5-20 图案选项对话框

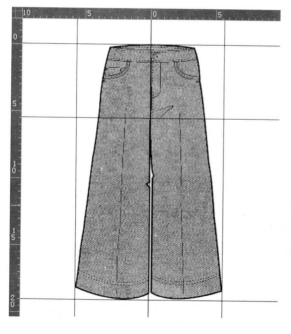

图5-21 面料填充

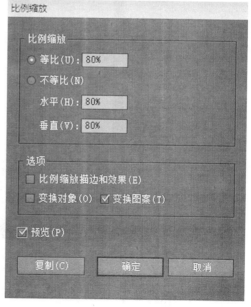

图5-22 比例缩放对话框

步骤三：牛仔明线与水洗效果绘制

（1）按住"Shift"键，用工具箱中的【选择工具】 ，复选牛仔裤上的明缉线，在控制栏或工具箱中，将描边颜色进行如图5-23所示设置，得到牛仔裤金色明缉线效果（图5-24）。

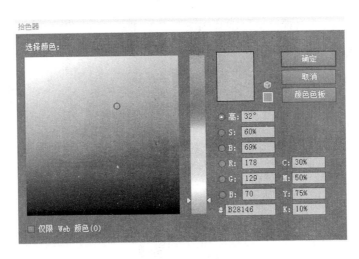

图5-23　描边面板

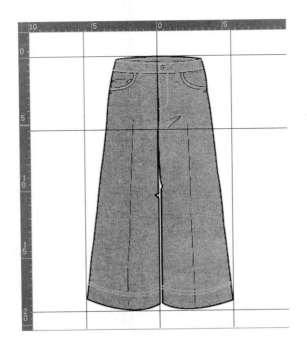

图5-24　明缉线色彩设置

（2）选择工具箱中的【椭圆工具】 ，并在控制栏或工具箱中设置"填色"为"白色"，"描边"为"无"，在左侧裤腿上绘制一个椭圆形（图5-25），在选中椭圆形的情况下，在菜单中执行"效果→风格化→羽化"命令，弹出"羽化"对话框，对羽化半径数值进行设置（图5-26），通过预览观察羽化效果，最终形成水洗效果（图5-27）。再对水洗效果执行复制与粘贴命令，将复制的水洗效果移至右裤脚，牛仔水洗效果即绘制完成（图5-28）。

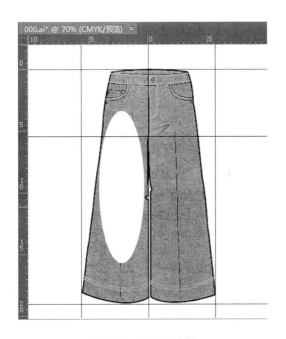

图5-25　椭圆形绘制

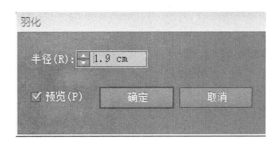

图5-26　羽化数值设置

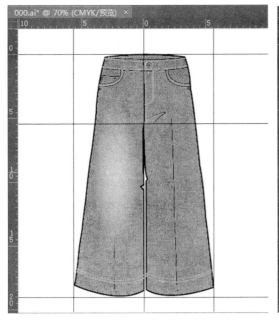

图5-27　水洗效果

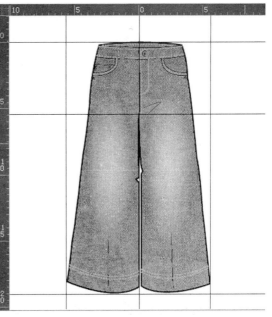

图5-28　最终效果

思考练习题

1. 用Illustrator CS6软件分别绘制出裤装廓型设计五款。

2. 用Illustrator CS6软件分别绘制出裤装结构设计五款。

3. 用Illustrator CS6软件分别绘制出裤装局部设计五款。

4. 用Illustrator CS6软件进行裤装款式综合设计三款，并进行色彩与面料填充。

Illustrator服装款式设计与案例精析——

Illustrator衬衫款式设计

教学内容：1. 衬衫款式廓型设计

2. 衬衫款式结构设计

3. 衬衫款式局部设计

4. 衬衫款式设计案例精析

课程课时：4课时

教学目的：掌握应用Illustrator软件进行衬衫款式设计的方法。

教学方式：实操演示，现场辅导。

教学要求：1. 掌握衬衫款式设计中廓型设计的种类与要点。

2. 掌握衬衫款式设计中结构设计的种类与要点。

3. 掌握衬衫款式设计中局部设计的种类与要点。

4. 通过案例精析掌握实时上色工具的使用方法。

课前准备：需计算机机房上课，计算机需要预装Illustrator CS6软件，课前需搜集准备最新的衬衫款式设计案例素材。

第六章　Illustrator衬衫款式设计

　　衬衫原指为西方男士西装、礼服等正装做内衬的衣服的统称，在20世纪初，衬衫开始进入女性服装中，并流行起作为内衣的衬衫外穿的时尚，使得衬衫的功能与种类不断发生变化。现在的衬衫演变为款式、种类、用途繁多的服装，比如根据场合的不同分为正装衬衫、休闲衬衫，根据面料的不同分为格子衬衫、牛仔衬衫，根据搭配的不同分为打底衬衫、外穿衬衫等。另外，在女式衬衫中，结合门襟、领子、袖子等部位以及抽褶、装饰等细节的变化，使得女式衬衫的设计更为丰富。

第一节　衬衫款式廓型设计

　　传统衬衫的廓型基本上是以H型为主的中长款衬衫，在现代女装设计中，衬衫廓型根据流行的变化以及女性审美的需求演变出丰富的廓型，比如A型、X型、短款、长款衬衫，使得衬衫的设计突破了传统衬衫的概念，丰富了衬衫的种类。

一、根据衬衫的轮廓分类

　　根据衬衫的轮廓可分为：A型、H型、X型等。

　　1. A型衬衫：A型衬衫整体款式呈现宽松、休闲、随意的特点，结合轻薄、悬垂性好的面料，使得A型廓型衬衫的穿着效果极具潇洒、动感风格（图6-1）。

　　2. H型衬衫：H型衬衫保留了原本衬衫硬朗、严谨的特点，多采用平整、硬挺的面料，呈现出干练、职业、经典、严谨等特质（图6-2）。

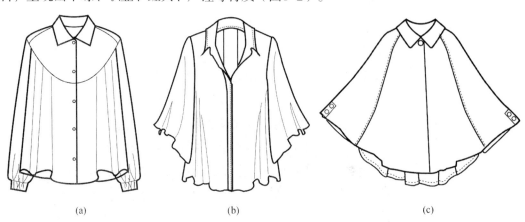

(a)　　　　　　　　　　(b)　　　　　　　　　　(c)

图6-2

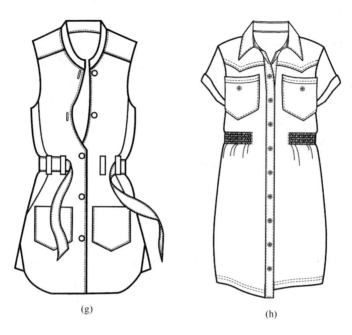

(g)　　　　　　　　　　　(h)

图6-2　H型衬衫

3. **X型衬衫**：X型衬衫采用收腰与省道的结构，体现出女性的曲线形体特征，使得衬衫廓型呈现出女性味十足的效果（图6-3）。

(a)　　　　　　　　　　　(b)　　　　　　　　　　　(c)

(d)　　　　　　　　　　(e)　　　　　　　　　　(f)

图6-3　X型衬衫

二、根据衬衫长短分类

根据衬衫不同的长短可分为：短款、中长款、长款。

1.**短款**：短款衬衫为长度在腰线附近的衬衫，呈现出休闲、随意、干练的效果，常用作春夏女装（图6-4）。

(a)　　　　　　　　　　(b)　　　　　　　　　　(c)

(d)　　　　　　　　　　(e)　　　　　　　　　　(f)

图6-4

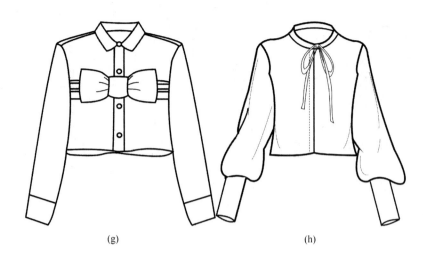

(g)　　　　　　　　　　　　　(h)

图6-4　短款衬衫

2. **中长款**：中长款为最为常见的衬衫长度，可作为春秋的外衣，也可在秋冬季节与背心、毛衣、夹克、外套等服装搭配穿着（图6-5）。

(a)　　　　　　　　　　　(b)　　　　　　　　　　　(c)

(d)　　　　　　　　　　　(e)　　　　　　　　　　　(f)

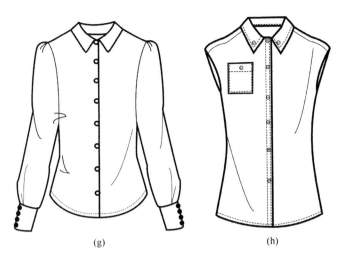

(g)　　　　　　　　　　　　(h)

图6-5　中长款衬衫

3. **长款**：长款衬衫为长度到大腿中部及以下部位长度的衬衫，款式多偏宽松、肥大，呈现休闲、随意、放松的效果（图6-6）。

(a)　　　　　　　　　　(b)　　　　　　　　　　(c)

图6-6

(d)　　　　　　　　　(e)　　　　　　　　　(f)

(g)　　　　　　　　　(h)

图6-6　长款衬衫

第二节　衬衫款式结构设计

　　衬衫的结构设计主要体现在分割线与腰线位置上，尤其是分割线设计最为多见，另外，在X型的衬衫中也会用到省道设计。

　　1. **分割线**：分割线是衬衫结构设计较为常用的方法，利于不同造型的分割线，再结合不同颜色、材料、图案的面料拼接，可设计出样式新颖的衬衫（图6-7）。

图6-7 分割线设计

2. **腰线**：衬衫腰线的设计一般会结合腰带、抽褶、分割线的应用，使得衬衫腰线设计更具装饰性（图6-8）。

(a)   (b)   (c)

(d)   (e)   (f)

图6-8　腰线设计

第三节　衬衫款式局部设计

衬衫的局部设计中，常常结合门襟、领子、袖子等部位以及抽褶、悬垂、荷叶边、装饰等细节的变化，使得女式衬衫的设计更为丰富。

1. **领部**：传统衬衫的领部为领座与翻领结合的造型，在领子设计中主要是对翻领造型，比如宽窄、大小、角度、线条的设计，而现代女式衬衫中，领部的设计突破了传统的衬衫领造型，采用更多的结构与造型使得衬衫领部设计更具特色性（图6-9）。

图6-9 领部设计

2.**袖部**：传统衬衫的袖子为一片袖与袖口带袖克夫的结构，其主要变化体现在袖山高度的变化对袖子肥瘦的影响。现今的女式衬衫袖部设计经常采用更加多样的结构与造型，比如插肩袖、羊腿袖、泡泡袖等结构与造型的设计（图6-10）。

(a)　　　　　　　　　(b)　　　　　　　　　(c)

(d)　　　　　　　　　(e)　　　　　　　　　(f)

图6-10　袖部设计

3.**门襟**：传统衬衫的门襟为5粒扣，叠门居中的门襟，在对衬衫门襟进行设计时可以针对门襟附近的造型以及门襟自身的结构展开多样化的衬衫门襟设计（图6-11）。

4.**下摆**：衬衫的下摆设计主要体现在下摆的造型设计，比如圆摆、直摆、斜摆、波浪摆、不对称下摆等造型，另外也常采用面料的拼贴手法进行下摆的设计（图6-12）。

(a)　　　　　　　　　(b)　　　　　　　　　(c)

(d)　　　　　　　　　(e)　　　　　　　　　(f)

(g)　　　　　　　　　(h)

图6-11　门襟设计

(a)   (b)   (c)

(d)   (e)   (f)

图6-12 下摆设计

第四节 衬衫款式设计案例精析

此款衬衫为格子面料拼贴式衬衫（图6-13），通过此案例的详细解析，主要掌握通过工具箱中的【实时上色工具】进行色彩与面料填充的快捷、简便方法。

图6-13　格子拼贴衬衫

步骤一：辅助线设置

依据格子衬衫的关键数据，在绘图区，按照1∶5的比例（单位：cm）进行辅助线的设置（图6-14）。

步骤二：格子衬衫款式绘制

（1）参照辅助线，单击工具箱中的【钢笔工具】，在控制栏里设置描边粗细为"4pt"，描边色为"黑色"，参照辅助线绘制出衬衫廓型（图6-15）。

（2）选择【钢笔工具】，在控制栏里设置描边粗细为"2pt"，描边色为"黑色"，绘制出衬衫门襟、袖口、纽扣、过肩、褶皱等局部细节（图6-16）。

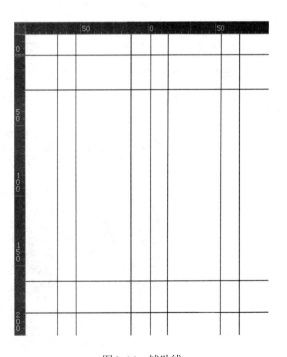

图6-14　辅助线

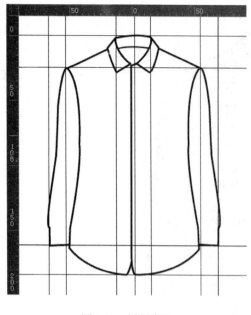

图6-15　衬衫廓型

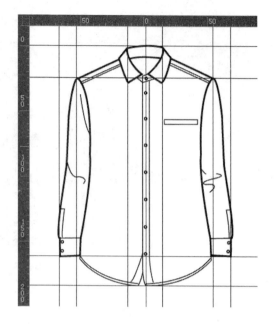

图6-16　衬衫细节

步骤三：颜色填充

此款格子衬衫将采用不同的颜色和图案进行填充，如果按照传统方法进行颜色和图案填充，需要在绘制衬衫款式时将不同的填充效果的封闭区域绘制成独立的闭合空间，这样的绘制相对来说很麻烦，严重影响绘制的效率。这里将介绍一种简便的方法进行复杂区域中颜色与图案的填充，将大大简化绘制过程。

（1）选择工具箱中的【选择工具】，将衬衫款式的所有路径框选，然后将鼠标移至工具箱中的【形状生成器工具】，长按鼠标左键不放，弹出多工具选项，选择其中【实时上色工具】，然后，再对需要进行填充的颜色进行设置（图6-17）。

图6-17　颜色设置

（2）颜色设置完成后，将鼠标移动至需要填充的衬衫某一封闭区域内（图6-18），单击鼠标，即完成颜色的填充（图6-19），依次将该色彩填充到门襟、领子、胸袋口等部位。同样方法对另一填充颜色进行设置（图6-20），用【实时上色工具】将该颜色填充到衬衫的过肩、领座等部位，最终颜色全部填充完毕（图6-21）。

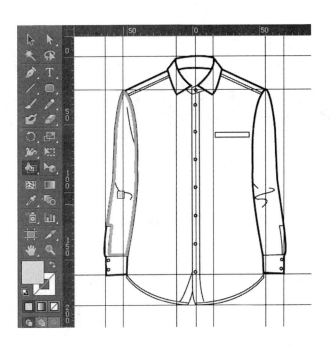

图6-18　实时上色

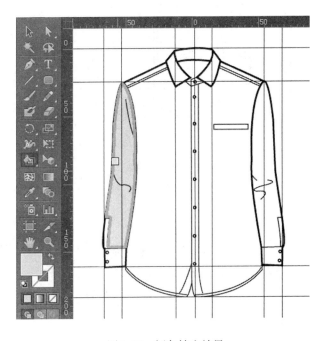

图6-19　颜色填充效果

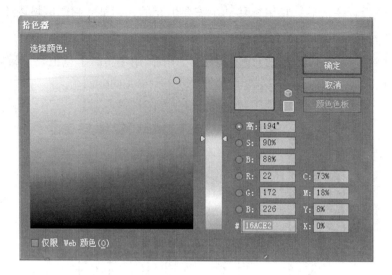

图6-20　颜色设置

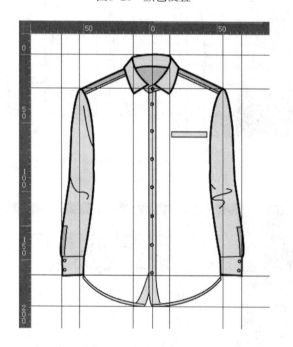

图6-21　颜色填充完成

步骤四：格子图案填充

（1）在菜单栏中，执行"文件→置入"命令，在弹出的"置入"对话框中，选择目标置入格子面料，点击"置入"按钮，将格子面料置入（图6-22）。用【选择工具】 选中目标置入面料，然后点击控制栏中的【嵌入】按钮 嵌入 。最后，打开【色板】面板（图6-23），用【选择工具】 选中嵌入后的面料，直接将面料图片拖入【色板】面板中，即可新建图案。

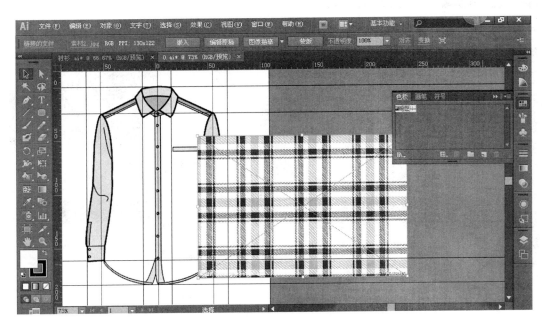

图6-22 面料置入

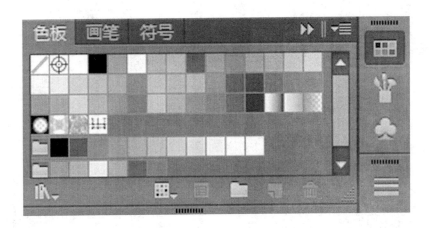

图6-23 色板面板

（2）与颜色填充方法一样，用工具箱中的【选择工具】 ，将衬衫款式的所有路径框选，然后选择工具箱中的【实时上色工具】 后，再单击【色板】中新建的格子图案。然后，将鼠标移动至需要填充的面料某一封闭区域内单击鼠标，即完成格子面料的填充（图6-24）。

（3）若要改变填充面料的大小，可以将鼠标移至面料之上，单击鼠标右键，弹出下拉列表，执行"变换→缩放"命令（图6-25），根据设计效果的需要，对【缩放】面板中的相关数据进行设置（图6-26）。注意，其中的"选项"设置中只勾选"变换图案"一项即可，面料缩放即完成（图6-27）。

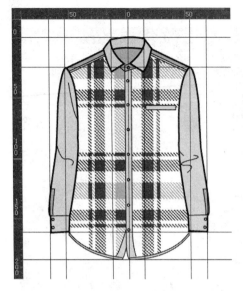

图6-24　面料填充

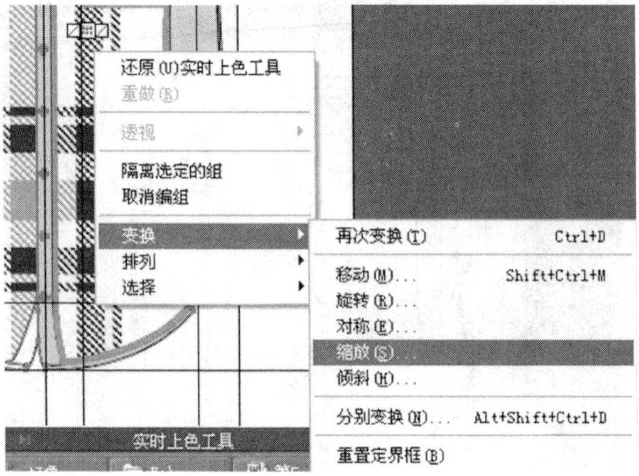

图6-25　面料缩放

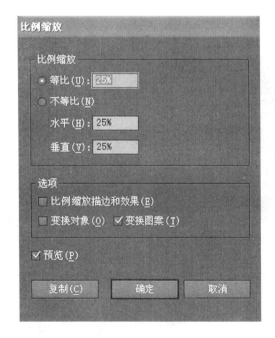

图6-26　面料缩放比例

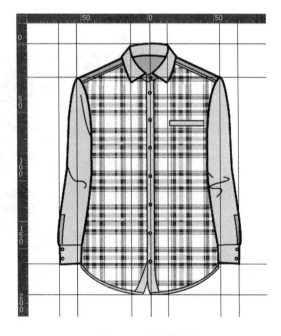

图6-27　最终效果

思考练习题

1. 用Illustrator CS6软件分别绘制衬衫廓型设计五款。

2. 用Illustrator CS6软件分别绘制衬衫结构设计五款。

3. 用Illustrator CS6软件分别绘制衬衫局部设计五款。

4. 用Illustrator CS6软件进行衬衫款式综合设计三款，并进行色彩与面料填充。

Illustrator服装款式设计与案例精析——

Illustrator西装款式设计

教学内容： 1. 西装款式廓型设计

2. 西装款式结构设计

3. 西装款式局部设计

4. 西装款式设计案例精析

课程课时： 4课时

教学目的： 掌握应用Illustrator软件进行西装款式设计的方法。

教学方式： 实操演示，现场辅导。

教学要求： 1. 掌握西装款式设计中廓型设计的种类与要点。

2. 掌握西装款式设计中结构设计的种类与要点。

3. 掌握西装款式设计中局部设计的种类与要点。

4. 通过案例精析掌握金属质感纽扣的绘制方法。

课前准备： 需计算机机房上课，计算机需要预装Illustrator CS6
软件，课前需搜集准备最新的西装式设计案例素材。

第七章 Illustrator西装款式设计

西装起源于男装，工业革命后，女性生活方式发生极大的变化，开始广泛参与社会活动，逐渐摆脱了以裙装为主的着装，开始从男装中借鉴更为方便和实用性的服装，其中西装即为最重要的借鉴款式。女式西装的流行标志着女性生活方式与社会地位的变化，展现出独立、自主、自信的现代职业女性形象。现代女性西装继承了传统男士西装的主要特点，如原装袖、翻驳领、单排或双排扣、一胸袋两腰袋等元素，在传统元素的基础上，再结合廓型、结构与局部的款式设计，现代女式西装呈现出多样化设计面貌。

第一节 西装款式廓型设计

传统西装廓型具有方正、庄严、严谨等特点，现代女式西装在保留男西装的严谨、职业等特点的基础上，结合女性形体的特质，开发出与传统H型西装有别的新式西装廓型，比如A型、X型、O型、箱型等，另外，根据长短也可把西装分为短款与中长款。

一、根据西装的轮廓分类

根据西装不同的轮廓可分为：H型、X型、A型、O型、箱型。

1. H型：H型西装很好地体现了传统西装的严谨、职业、干练等特质，不着重强调女性的曲线，但也不乏端正、知性、现代的美感（图7-1）。

(a)   (b)   (c)

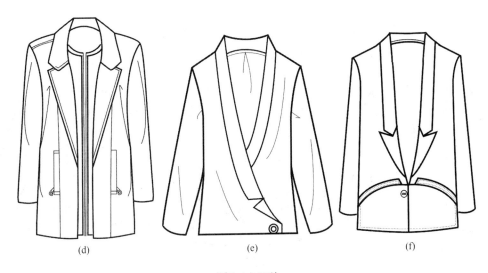

图7-1　H型

2. X型：与H型相反，X型西装通过收省和公主线分割等手段打造出富有曲线感的西装，打破了传统职业装的严谨与呆板，使得职业女装带有了典型的女性特质（图7-2）。

图7-2　X型

3. **箱型**：箱型西装是比H型西装要短、更为宽松的廓型，与H型西装同样体现出硬朗、严谨的特点，但没有了H型西装的修长，是给人以更为稳重感觉的廓型（图7-3）。

(a)　　　　　　　　　(b)　　　　　　　　　(c)

(d)　　　　　　　　　(e)　　　　　　　　　(f)

图7-3　箱型

二、根据西装不同的长度分类

根据西装不同的长度分为：短款、中长款。

1. **短款**：短款西装下摆位置一般位于腰线以上，是比较时尚的廓型，便于搭配，在秋冬季节可与连身裙、衬衫、罩衫等进行搭配（图7-4）。

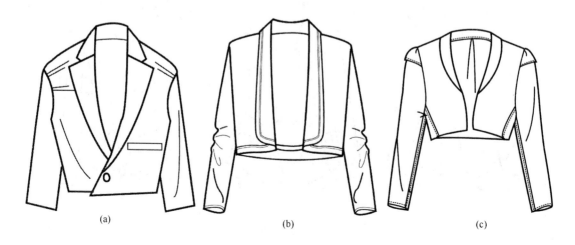

(a)　　　　　　　　　(b)　　　　　　　　　(c)

图7-4 短款

2. **中长款**：中长款西装下摆位置一般位于臀围线附近，是最为常见的西装长度，多应用于休闲类、职业类、礼服类西装的廓型中（图7-5）。

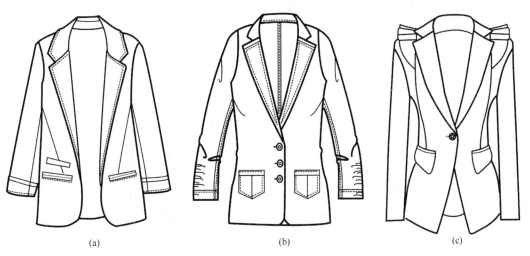

图7-5

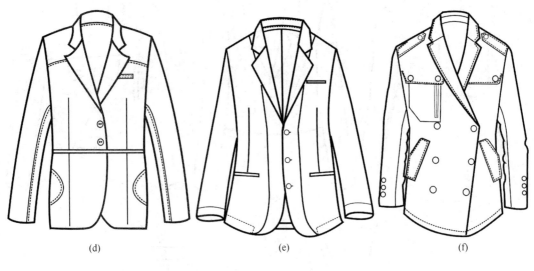

(d)　　　　　　　　　　　(e)　　　　　　　　　　　(f)

图7-5　中长款

第二节　西装款式结构设计

西装款式的结构设计中，同样充分采用分割线设计与省道设计，设计出多样丰富的结构，是西装款式设计的重要方法。

1. **分割线设计**：利用各种形式的分割、拼接，再结合具有装饰作用的明缉线，使得西装结构具有丰富的效果（图7-6）。

2. **省道设计**：西装的省道设计大多采用省道融入公主线的设计，根据省道的转移原理，西装的省道可以沿着胸高点进行360°的转移，所以省道设计在西装结构设计中最为常见，是对西装进行结构塑造的重要手段（图7-7）。

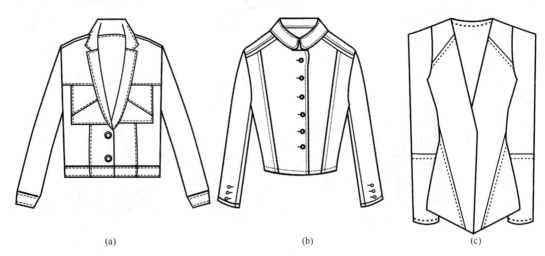

(a)　　　　　　　　　　　(b)　　　　　　　　　　　(c)

图7-6 分割线设计

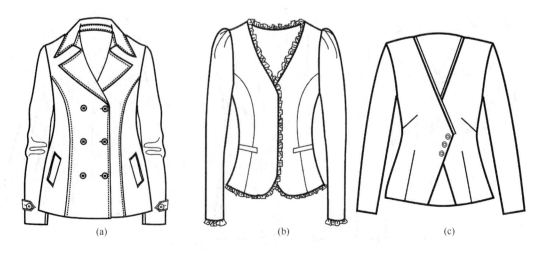

图7-7

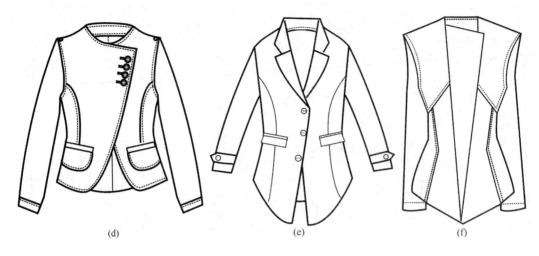

(d)   (e)   (f)

图7-7　省道设计

第三节　西装款式局部设计

西装款式设计中的局部设计一般约定俗成，比如原装袖、翻驳领、单排或双排扣、一胸袋、两腰袋等，所以传统西装的局部设计具有较大的限制，但随着职业女性对着装差异化、特色性的需求，对传统西装的局部款式设计也呈现出越来越多样的趋势。

1.**领部设计**：现代女式西装的领部设计主要还是采用驳领的形式，根据翻驳领的结构、大小、长短、造型等也能设计出形态多样的西装领型（图7-8）。

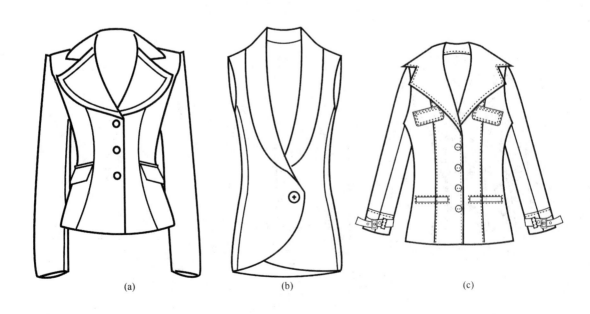

(a)   (b)   (c)

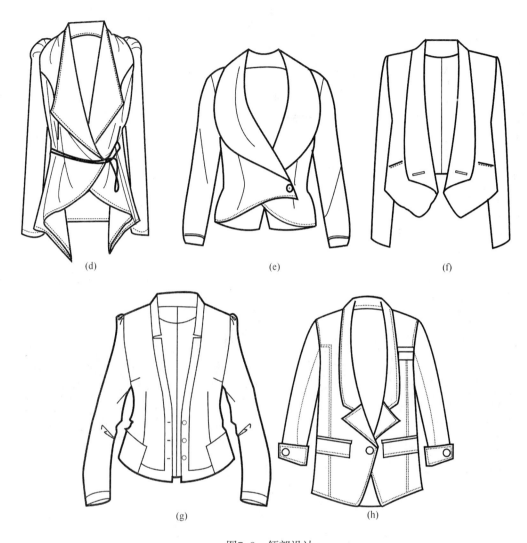

(d)　　　　　　　　　　(e)　　　　　　　　　　(f)

(g)　　　　　　　　　　(h)

图7-8　领部设计

2. **袖部设计**：西装袖部设计方法较为丰富，根据袖子的长短、袖根造型、袖口造型、装袖工艺等可以设计出丰富多样的袖部款式（图7-9）。

3. **腰部设计**：西装的腰部设计更多侧重于装饰性的作用，多利用腰带配件自身的造型、材料、位置、大小等进行设计（图7-10）。

4. **门襟设计**：现代女式西装打破了传统西装门襟单排扣与两排扣的限制，应用多样化的设计手法，设计出兼具功能性与装饰性的门襟（图7-11）。

5. **下摆设计**：西装的下摆设计主要体现在下摆的线条造型上，传统西装最常见的下摆为圆摆与直摆，波浪形、折线形的下摆则较有特色（图7-12）。

(a)

(b)

(c)

(d)

(e)

(f)

(g)

(h)

图7-9　袖部设计

图7-10 腰部设计

图7-11

(d)　　　　　　　　　　(e)　　　　　　　　　　(f)

图7-11　门襟设计

(a)　　　　　　　　　　(b)　　　　　　　　　　(c)

(d)　　　　　　　　　　(e)　　　　　　　　　　(f)

图7-12　下摆设计

第四节　西装款式设计案例精析

此款西装特点体现在款式廓型为H型，面料采用精纺面料（图7-13），通过此案例的详细解析，主要掌握通过工具箱中的【渐变工具】进行金属质感纽扣的绘制。

步骤一：辅助线设置

依据西装关键数据，在绘图区，按照1∶5的比例（单位：cm）进行辅助线的设置（图7-14）。

图7-13　女式西装

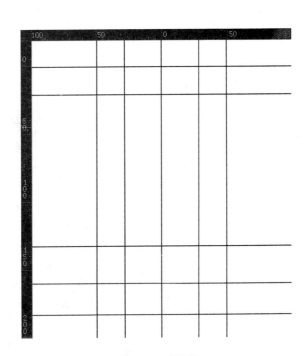

图7-14　辅助线

步骤二：西装款式绘制

选择工具箱中的【钢笔工具】，在控制栏里设置描边粗细为"4pt"，描边色为"黑色"，参照辅助线绘制出西装款式。用【钢笔工具】，设置描边相关数值，粗细为"1.5pt"，虚线"4pt"，间隙"2pt"，进行翻驳领部明缉线的绘制。再用【钢笔工具】，设置描边粗细为"1pt"，进行褶皱的绘制（图7-15）。

步骤三：颜色填充

（1）选择工具箱中的【选择工具】

，将西装款式的所有路径框选，然后

将鼠标移至工具箱中的【形状生成器工

具】，长按鼠标左键不放，弹出多

工具选项，选择其中【实时上色工具】

，然后，再对需要进行填充的颜色进

行设置。先设置深灰色（图7-16），将

鼠标移动至需要填充的西装衣身封闭区

域内，单击鼠标，即完成衣身颜色的填

充。再设置浅灰色（图7-17），将鼠标

移动至需要填充的翻驳领封闭区域内，

单击鼠标，即完成翻驳领颜色的填充。

最终颜色全部填充完毕（图7-18）。

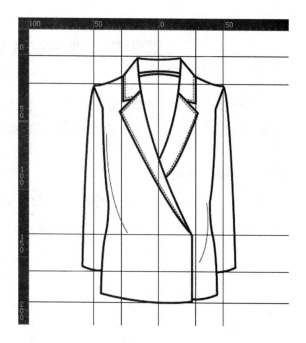

图7-15　西装款式

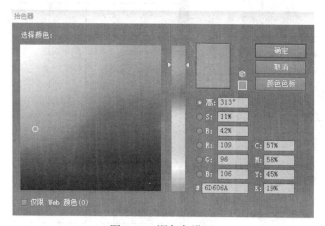

图7-16　深灰色设置

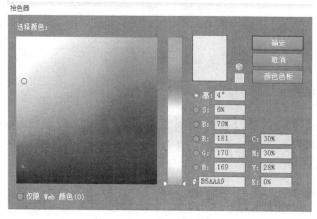

图7-17　浅灰色设置

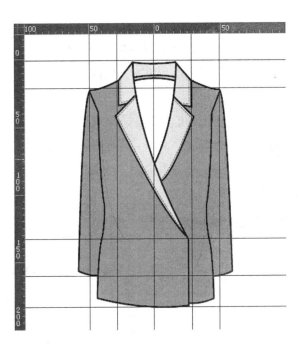

图7-18　颜色填充效果

（2）在菜单栏中，执行"文件→置入"命令，在弹出的"置入"对话框中，选择目标置入印花面料，点击"置入"按钮，将面料置入（图7-19），用【选择工具】 选中置入的面料，然后点击控制栏中的【嵌入】按钮 嵌入 。最后，打开【色板】面板，用【选择工具】 选中嵌入后的面料，直接将图片拖入【色板】面板中，即可新建图案。

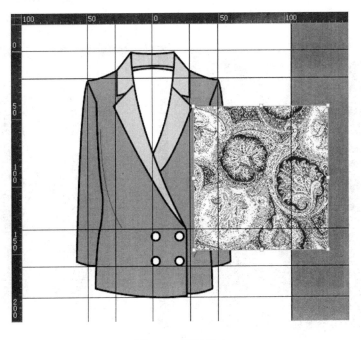

图7-19　面料置入

（3）与颜色填充方法一样，用工具箱中的【选择工具】，将西装款式的所有路径框选，然后选择工具箱中的【实时上色工具】后，再单击【色板】中新建的图案。然后，将鼠标移动至需要填充的面料西装后片里布封闭区域内单击鼠标，即完成面料的填充（图7-20）。

（4）若要改变填充面料的大小，可以将鼠标移至面料之上，单击鼠标右键，弹出下拉列表（图7-21），执行"变换→缩放"命令，根据设计效果的需要，对【缩放】面板中的相关数据进行设置（图7-22）。注意，其中的"选项"设置中只勾选"变换图案"一项即可，面料缩放即完成（图7-23）。

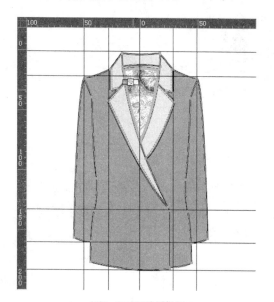

图7-20　面料填充

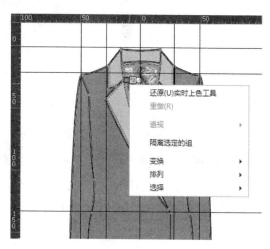

图7-21　面料缩放操作

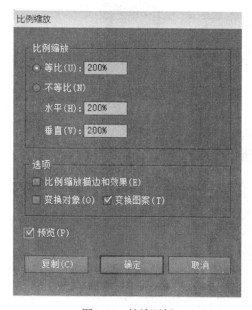

图7-22　缩放面板

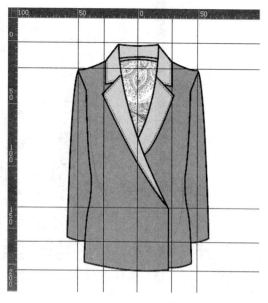

图7-23　面料缩放效果

步骤三：　纽扣绘制

（1）选择工具箱中的【椭圆工具】 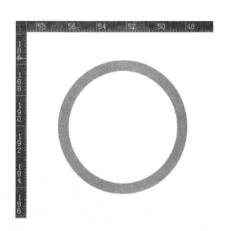，描边粗细设置为"2pt"，描边颜色选为"深灰色"，按住"Shift"键的同时，拖动鼠标，画出正圆（图7-24）。选中正圆，双击工具箱中的【渐变工具】 ，弹出"渐变"面板，并将面板中的"类型"设置为"线型"，角度设置为"135°"（图7-25）。再分别双击面板下方两侧的渐变滑块（图7-26），弹出对话框（图7-27），在对话框中调整颜色的深浅，将填充方式由白到黑调整为浅灰色到深灰色的线性渐变，得到渐变正圆（图7-28）。

图7-24　绘制正圆

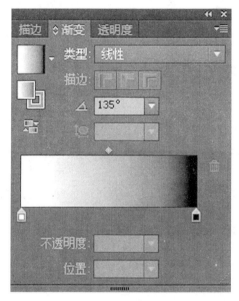

图7-25　渐变设置

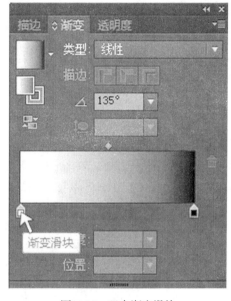

图7-26　双击渐变滑块

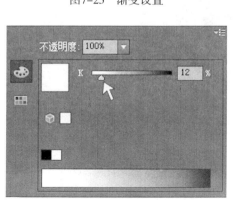

图7-27　参数设置

图7-28　颜色渐变效果

（2）再次选择工具箱中的【椭圆工具】⬭，描边粗细设置为"无"，绘制一个较小的圆，选中小圆，双击工具箱中的【渐变工具】▧，弹出"渐变"面板，并将面板中的"类型"设置为"线型"，角度设置为"–35°"，同样设置浅灰色到深灰色的线性渐变，得到渐变小圆，并将小圆置于第一个圆形中心，为了使两圆中心重合，可以在菜单栏中选择"窗口→对齐"命令，调出【对齐】面板（图7-29），同时选中两个圆形，在【对齐】面板中先后执行"水平居中对齐"与"垂直居中对齐"，即可使两圆心重合（图7-30）。

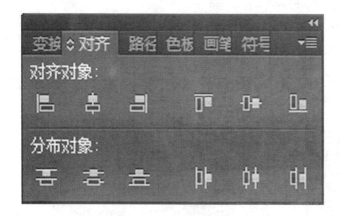

图7-29　对齐面板　　　　　　　　　　　图7-30　圆心重合设置

（3）再次选择工具箱中的【椭圆工具】⬭，描边粗细设置为"无"，绘制一个填充色为深灰色圆形，将此圆形放于前面图形之上，选中该深灰色圆形，右键单击，执行"排列→置于底层"，该深灰色圆形即成为纽扣阴影（图7-31）。

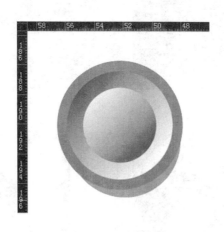

图7-31　纽扣阴影

（4）将纽扣群组，再复制出3个同样纽扣，排列在西装门襟上（图7-32），在【对齐】面板中先后执行"水平居中对齐"与"垂直居中分布"，即可使4个纽扣均匀分布在双排扣门襟上（图7-33），四粒纽扣即绘制完成。

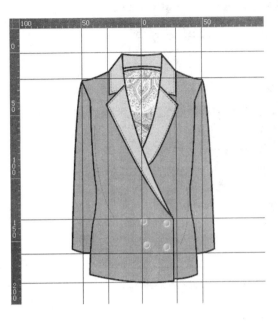
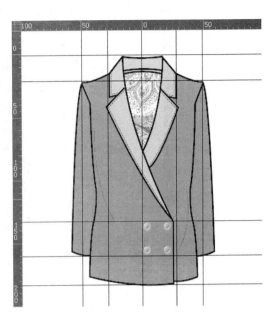

图7-32　纽扣对齐设置　　　　　　　　　　　　图7-33　纽扣对齐效果

步骤四：　阴影绘制

选择工具箱中的【钢笔工具】，颜色设置为"黑色"，在腋下至下摆处绘制出阴影的形状（图7-34）。在菜单栏中，执行"窗口→透明度"命令，调出【透明度】面板，将不透明度设置为"50%"（图7-35），西装款式效果图即绘制完成（图7-36）。

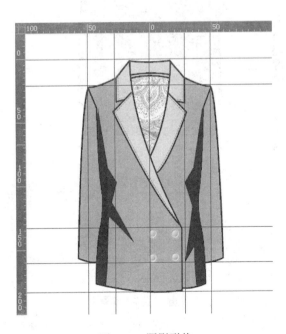

图7-34　阴影形状

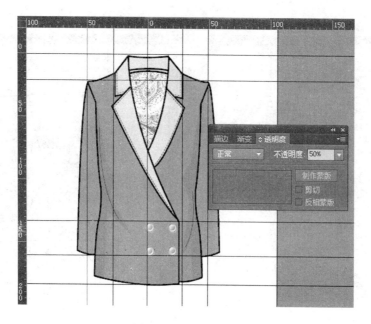

图7-35　透明度设置

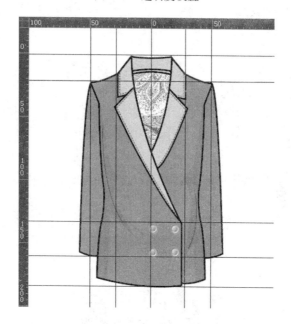

图7-36　最终效果

思考练习题

1. 用Illustrator CS6软件分别绘制出西装廓型设计五款。

2. 用Illustrator CS6软件分别绘制出西装结构设计五款。

3. 用Illustrator CS6软件分别绘制出西装局部设计五款。

4. 用Illustrator CS6软件进行西装款式综合设计三款，并进行色彩与面料填充与金属质感纽扣的绘制。

Illustrator夹克款式设计

教学内容：1. 夹克款式廓型设计

2. 夹克款式结构设计

3. 夹克款式局部设计

4. 夹克款式设计案例精析

课程课时：4课时

教学目的：掌握应用Illustrator软件进行夹克款式设计的方法。

教学方式：实操演示，现场辅导。

教学要求：1. 掌握夹克款式设计中廓型设计的种类与要点。

2. 掌握夹克款式设计中结构设计的种类与要点。

3. 掌握夹克款式设计中局部设计的种类与要点。

4. 通过案例精析掌握夹克拉链的绘制方法。

课前准备：需计算机机房上课，计算机需要预装Illustrator CS6软件，课前需搜集准备最新的夹克款式设计案例素材。

第八章　Illustrator夹克款式设计

　　夹克是英文jacket的译音，指衣长较短、胸围宽松、紧袖口、紧下摆式样的上衣。它是男女都能穿着的一类短上衣。夹克是人们现代生活中最常见的一种服装，由于它造型轻便、活泼、富有朝气，深受广大消费者的喜爱。

第一节　夹克款式廓型设计

　　由于夹克自身短小宽松的特点，所以廓型以箱型和Y型为基础，下摆与袖口收紧，现代女式夹克受到流行的影响，在廓型设计上也朝多样化的方向发展，根据女性自身的特点以及时尚流行的变迁，演变出诸如X型、H型等廓型。

一、根据夹克不同的长短分类

　　根据夹克不同的长短可分为：短款、中长款。

　　1. **短款**：短款夹克最能体现夹克的轻松、方便、活泼的特点，便于搭配，是最为典型的夹克廓型，是春秋女装中常见的外套（图8-1）。

　　2. **中长款**：中长款廓型的夹克相对短款夹克来说，更为严谨和厚重，一般多使用皮革、厚实的面料以及填充类面料等，具有较好的保暖性，常应用在秋冬女装中（图8-2）。

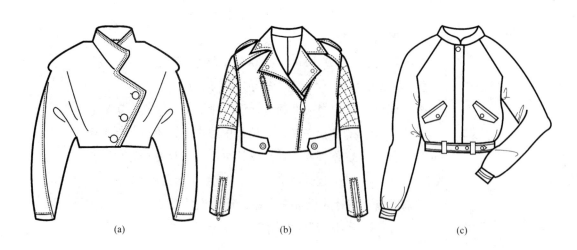

(a)　　　　　　　　　　(b)　　　　　　　　　　(c)

(d)　　　　　　　　　　(e)　　　　　　　　　　(f)

图8-1　短款

(a)　　　　　　　　　　(b)　　　　　　　　　　(c)

(d)　　　　　　　　　　(e)　　　　　　　　　　(f)

图8-2　中长款

二、根据夹克的轮廓分类

根据夹克不同的轮廓可分为：箱型、H型、X型等。

1. **箱型**：箱型夹克廓型呈现短小方正效果，是最为典型的夹克款式，常常采用牛仔、皮革等面料，体现出女性帅气、洒脱、轻松、休闲的风格（图8-3）。

图8-3 箱型

2. **H型**：为箱型的加长版，没有了短款的俏皮、轻松之感，相对来说更为稳重和严谨（图8-4）。

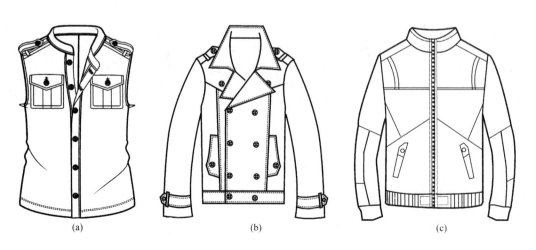

(d)　　　　　　　　　　(e)　　　　　　　　　　(f)

图8-4　H型

3. X型：不同于传统的夹克廓型，X廓型夹克更加体现出女性的形体特点，是比较女性化的夹克廓型（图8-5）。

(a)　　　　　　　　　　(b)　　　　　　　　　　(c)

(d)　　　　　　　　　　(e)　　　　　　　　　　(f)

图8-5　X型

第二节　夹克款式结构设计

在夹克款式的结构设计中，分割线设计与省道设计是常用的结构设计方法，尤其是分割线的设计最有特点，充分采用面料的分割拼接处理，可设计出多样的夹克结构。

1. **分割线设计**：夹克面料多为中、厚型面料，为面料的拼接提供了方便，在拼接中，利用不同颜色面料、不同材质面料、不同图案面料之间的拼接能设计出独具特色的夹克款式（图8-6）。

(a)　　　　　　(b)　　　　　　(c)

(d)　　　　　　(e)　　　　　　(f)

图8-6　分割线设计

2. **省道设计**：夹克的省道设计大多应用在X型的廓型中，采用收省以及省道融入公主线的方法，得到较为合身和女性化的夹克款式（图8-7）。

图8-7 省道设计

第三节 夹克款式局部设计

夹克款式设计的局部设计中，下摆、门襟、袖口等较多部位，多采用约定俗成的局部设计，比如拉锁门襟、针织罗纹的下摆与袖口等。相对来说，领部、袖部等设计的空间比较大，既可采用严谨端正的翻驳领，也可采用轻松随意的翻领或立领等。总之，在进行夹克局部设计时，可充分应用领部、袖部、门襟、明缉线等局部细节设计。

1. **领部设计**：翻领、翻驳领、立领、连帽领都是夹克领部设计常常用到的领部设计，在设计中可充分利用翻驳领、翻领以及领口等领部造型的变化进行设计（图8-8）。

2. **袖部设计**：夹克袖部造型一般比较紧身、合体。袖子常采用合体一片袖和两片袖的制板结构，袖部的设计多利用袖窿与袖口等部位的造型变化进行设计（图8-9）。

3. **门襟设计**：传统夹克的门襟设计一般采用拉链形式，新式夹克除了对拉链的造型与结构进行设计外，也借鉴西装与大衣款式的鉴单排扣和双排扣的形式，使得夹克门襟设计更加丰富（图8-10）。

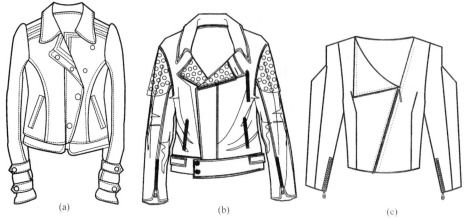

图8-8 领部设计

图8-9 袖部设计

图8-10 门襟设计

4. **口袋设计**：夹克最早期应用在工装中，所以极具功能性的口袋设计是夹克局部设计重要的组成，在现今的夹克设计中，口袋既具有很强的实用性，也具有较强的装饰性（图8-11）。

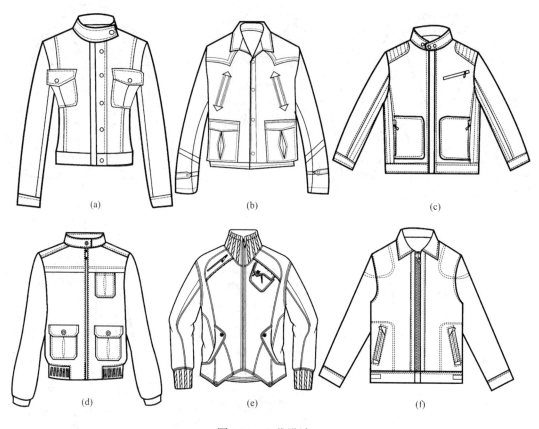

图8-11　口袋设计

5. **腰部设计**：腰部设计在夹克设计中并不常见，在女式夹克中，为了增强女式夹克的装饰性，会利用腰带配件自身的造型、材料、位置、大小等进行设计（图8-12）。

6. **下摆设计**：除了采用传统的罗纹下摆外，新式夹克的下摆设计也可以综合利用下摆的线条、材料的拼接等进行设计（图8-13）。

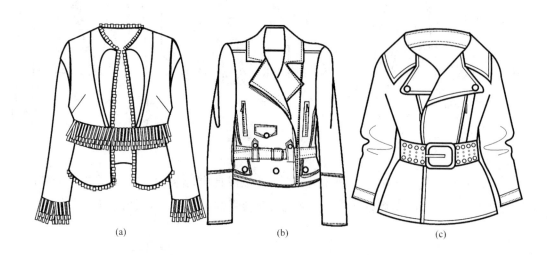

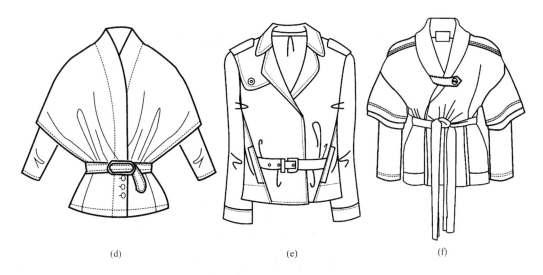

图8-12 腰部设计

图8-13 下摆设计

第四节　夹克款式设计案例精析

此款夹克为蓝色带拉链夹克（图8-14），通过此案例的详细解析，主要掌握夹克拉链的绘制方法。

图8-14　夹克

步骤一：辅助线设置

依据夹克大衣关键数据，在绘图区，按照1：5的比例（单位：cm）进行辅助线的设置（图8-15）。

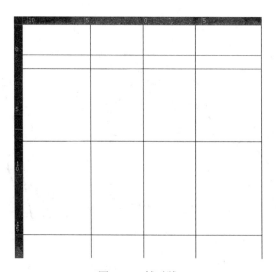

图8-15　辅助线

步骤二：夹克款式绘制

（1）选择工具箱中的【钢笔工具】 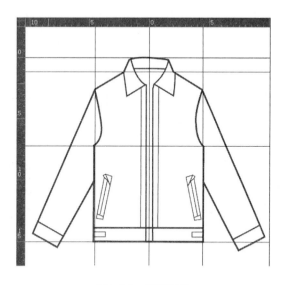，在控制栏里设置描边粗细为"4pt"，描边色为"黑色"，参照辅助线绘制出夹克款式（图8-16）。

图8-16　夹克廓型

（2）再用【钢笔工具】 ，设置相关描边数值，粗细为"1.5pt"，虚线"4pt"，间隙"2pt"（图8-17），进行明缉线的绘制（图8-18）。

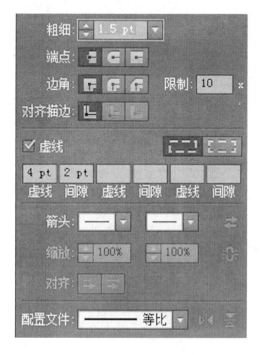

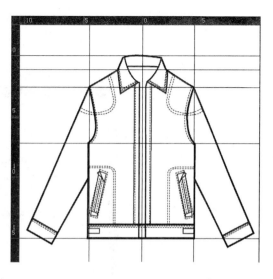

图8-17　明缉线设置　　　　　　　　　　图8-18　明缉线绘制

步骤三： 拉链绘制

（1）选择工具箱中的【矩形工具】■，与【椭圆工具】◯，描边粗细设置为"6pt"，绘制出两个矩形与一个椭圆（图8-19），将其叠加在一起（图8-20），选择工具箱中的【选择工具】，同时框选住叠加在一起的矩形与椭圆，打开【对齐】面板，执行"垂直居中对齐"按钮（图8-21），最后再打开【路径查找器】面板（图8-22），单击"形状模式"中的"联集"按钮，得到最终效果（图8-23）。

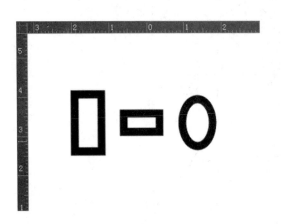

图8-19　矩形与椭圆形

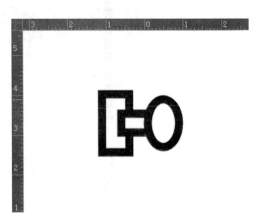

图8-20　形状叠加

图8-21　垂直居中对齐

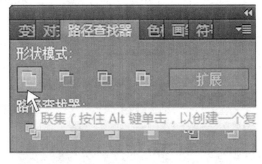

图8-22　"路径查找器"面板

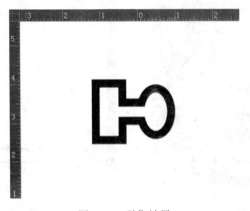

图8-23　联集效果

（2）选择工具箱中的【选择工具】 ，将以上联集效果图形直接拖入【画笔】面板中以新建画笔（图8-24）。然后用【钢笔工具】 沿着夹克门襟画一条垂线（图8-25），使用【选择工具】 选中垂线路径，单击【画笔】面板中新拖入的画笔，得到如图效果（图8-26）。单击【画笔】面板中右上角的小三角形，弹出菜单，选择"所选对象的选项"（图8-27），弹出"描边选项"对话框，进行相关数值设置（图8-28），最终得到如图所示的拉链密齿效果（图8-29）。

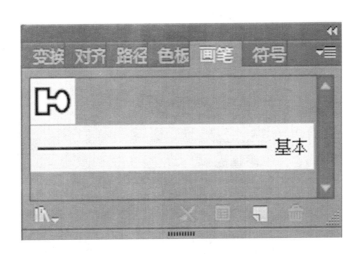

图8-24　新建画笔

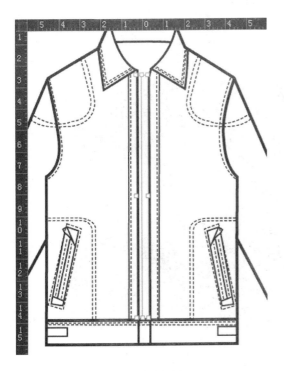

图8-25　拉链路径

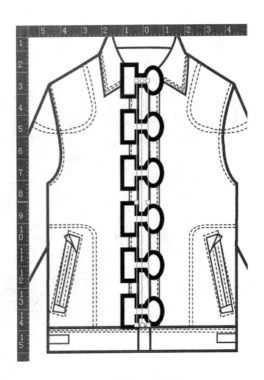

图8-26　新画笔效果

图8-27　所选对象的选项

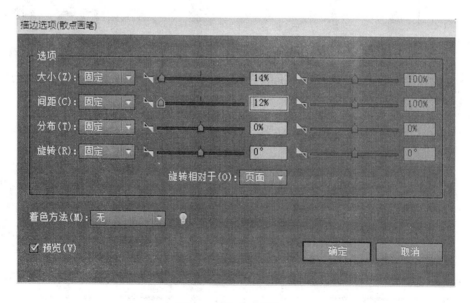

图8-28　描边选项设置

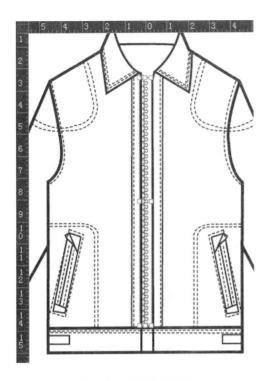

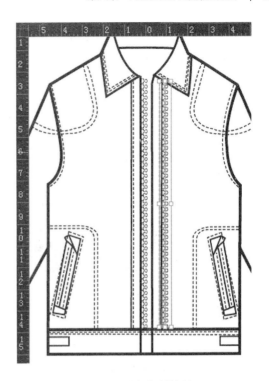

图8-29　拉链密齿效果　　　　　　　　　　图8-30　选择复制拉链

（3）复制并粘贴一新拉链密齿，用【选择工具】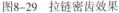选中新拉链密齿（图8-30），打开其"描边选项"对话框，将选项"旋转"设置成"180°"（图8-31），再将新拉链密齿移动与原拉链密齿进行咬合，得到如图所示效果（图8-32）。

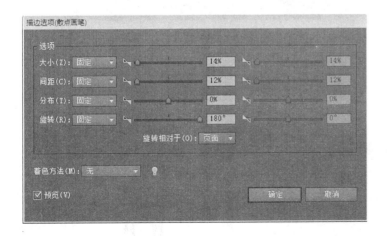

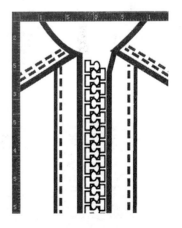

图8-31　描边选项设置　　　　　　　　　图8-32　拉链齿咬合

（4）选择工具箱中的【钢笔工具】🖊️与【矩形工具】⬛，绘制如图所示的效果（图8-33）。再使用鼠标左键长按【矩形工具】⬛，弹出下拉列表（图8-34），选中【圆角矩形工具】，绘制如图所示的效果（图8-35），同时选中三个圆角矩形，打开【路径查找器】面板，单击"形状模式"中的"差集"按钮（图8-36）。最后将前面绘制的几个图形叠放在一起，打开【对齐】面板，执行"水平居中对齐"按钮（图8-37），得到如图所示的拉链头（图8-38）。再用【选择工具】选中拉柄进行一定角度的旋转，得到如图所示效果（图8-39）。

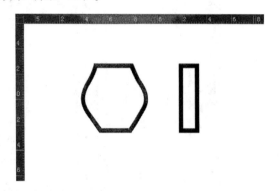

图8-33　图形绘制

图8-34　圆角矩形工具

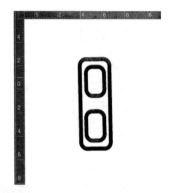

图8-35　圆角矩形绘制

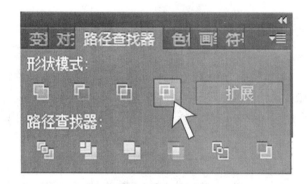

图8-36　差集命令

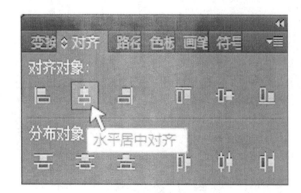

图8-37　水平居中对齐命令

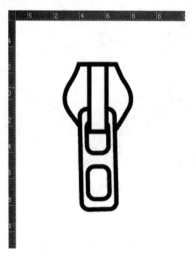

图8-38　拉链头效果

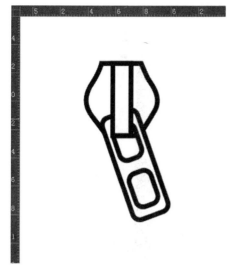

图8-39 旋转拉柄

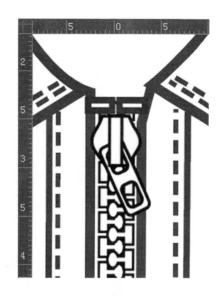

图8-40 拉链头置于门襟

全选拉头进行群组，将其置于夹克门襟处（图8-40），最终完成拉链夹克的全部绘制（图8-41）。

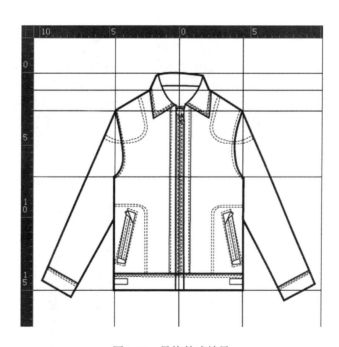

图8-41 最终款式效果

步骤四：颜色填充

用【选择工具】选中夹克衣身、袖子等部位，在工具箱中双击【填色工具】，对所需颜色进行设置（图8-42），即完成夹克的填色操作（图8-43）。

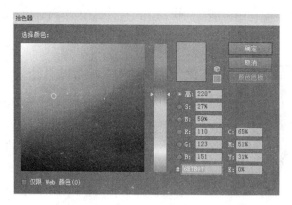

图8-42　颜色设置

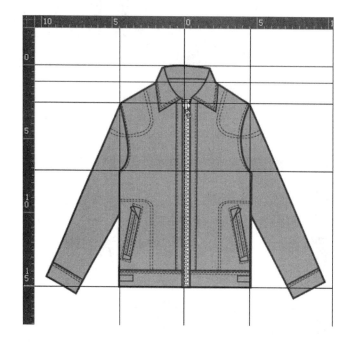

图8-43　颜色填充效果

思考练习题

1. 用Illustrator CS6软件分别绘制出夹克廓型设计五款。

2. 用Illustrator CS6软件分别绘制出夹克结构设计五款。

3. 用Illustrator CS6软件分别绘制出夹克局部设计五款。

4. 用Illustrator CS6软件进行夹克款式综合设计三款，并进行色彩与面料填充，以及拉链的绘制。

Illustrator服装款式设计与案例精析——

Illustrator大衣款式设计

教学内容： 1. 大衣款式廓型设计

2. 大衣款式结构设计

3. 大衣款式局部设计

4. 大衣款式设计案例精析

课程课时： 4课时

教学目的： 掌握应用Illustrator软件进行大衣款式设计的方法。

教学方式： 实操演示，现场辅导。

教学要求： 1. 掌握大衣款式设计中廓型设计的种类与要点。

2. 掌握大衣款式设计中结构设计的种类与要点。

3. 掌握大衣款式设计中局部设计的种类与要点。

4. 通过案例精析掌握粗纺毛呢大衣面料肌理模拟方法。

课前准备： 需计算机机房上课，计算机需要预装Illustrator CS6 软件，课前需搜集准备最新的大衣款式设计案例素材。

第九章 Illustrator大衣款式设计

大衣最先见于西方男装，主要用于礼仪服装和军用服装当中。19世纪末出现在女装中，是女性秋冬日常穿着的中长外衣，衣长一般至膝盖上下，具有很好的防寒、防雨、防尘、防风等作用，在设计上结合多样的款式与面料，成为女装中重要的秋冬外衣之一。

第一节 大衣款式廓型设计

由于大衣本身长度的规定，一般长度在膝盖上下，按长度可分为长款与中长款，另外根据大衣外轮廓型的不同，还可以分为H型、A型、X型、O型、箱型等，较常见的是H型大衣，其他的廓型根据流行的变迁也有一定的应用。

一、根据大衣不同的长度分类

根据大衣不同的长短可分为：长大衣、中长大衣。

1. **长大衣**：长度超过膝盖，最长的可到脚踝，由于较长，长大衣具有很好的保暖、防风的特性，廓型多为H型（图9-1）。

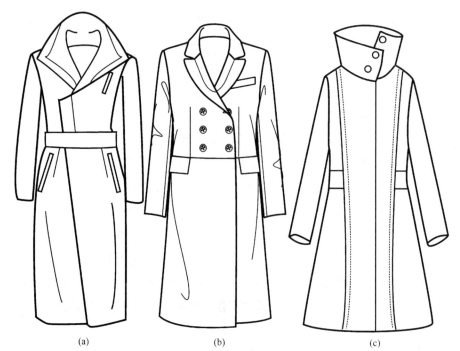

(a)　　　　　　　　　　(b)　　　　　　　　　　(c)

图9-1　长大衣

2. **中长大衣**：中长大衣长度一般不到膝盖，相对于长大衣，中长大衣较短，在廓型设计上具有一定的灵活性，可设计出较为多样的廓型，如O型、箱型、A型等，较能体现流行性（图9-2）。

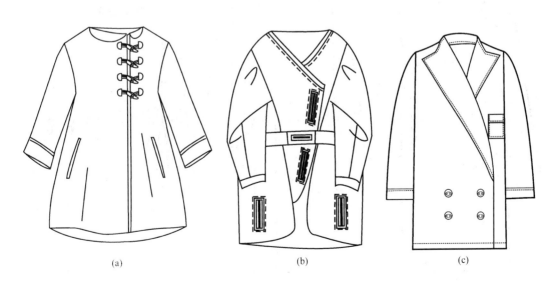

图9-2

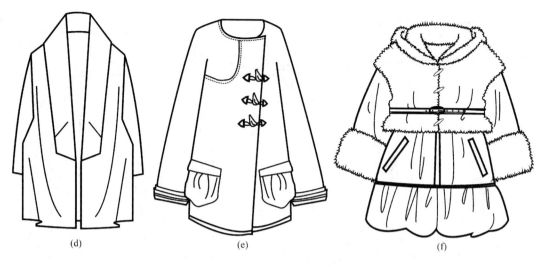

(d)　　　　　　　　(e)　　　　　　　　(f)

图9-2　中长大衣

二、根据大衣的轮廓分类

根据大衣不同的轮廓可分为：H型、A型、X型、O型、箱型、X型、Y型等。

1. H型：H型是大衣中最为常见的廓型，线条简洁、流畅、硬朗，能突出表现干练、简洁、职业的现代女性风格（图9-3）。

2. A型：又称敞篷型大衣，在款式设计上忽略腰线，款式呈现上窄下宽的宽松造型，流畅而富有动感（图9-4）。

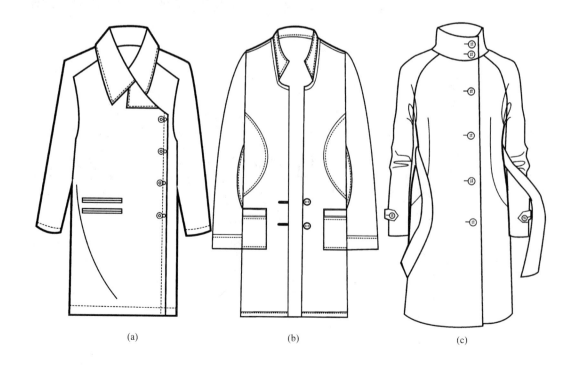

(a)　　　　　　　　(b)　　　　　　　　(c)

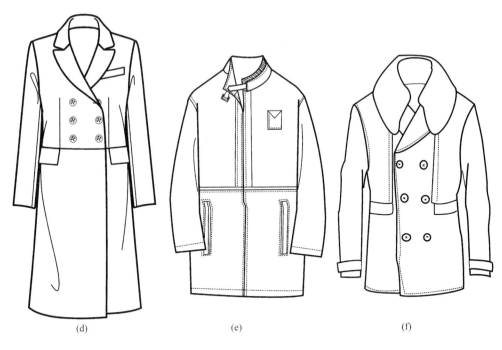

(d)　　　　　　　　(e)　　　　　　　　(f)

图9-3　H型大衣

3. O型：O型的服装外轮廓线条柔和，呈现圆润可爱的效果，相对于直线型的大衣款式，是女性味十足的大衣廓型（图9-5）。

4. 箱型：箱型大衣廓型呈现正方造型，与H型大衣相比，廓型更加方正、硬朗，呈现出更加帅气、时尚、现代的效果（图9-6）。

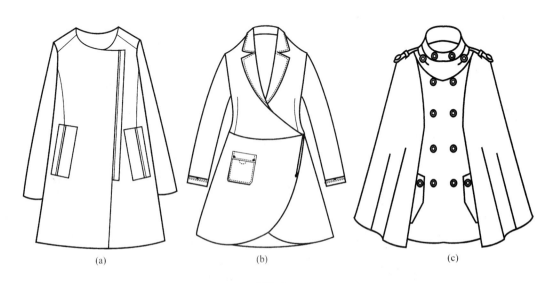

(a)　　　　　　　　(b)　　　　　　　　(c)

图9-4

(d)　　　　　　　　　(e)　　　　　　　　　(f)

图9-4　A型大衣

(a)　　　　　　　　　(b)　　　　　　　　　(c)

(d)　　　　　　　　　(e)　　　　　　　　　(f)

(g)　　　　　　　　　(h)

图9-5　O型大衣

(a)　　　　　　　　(b)　　　　　　　　(c)

(d)　　　　　　　　(e)　　　　　　　　(f)

图9-6　箱型大衣

第二节　大衣款式结构设计

　　大衣款式的结构设计中，可以采用分割线设计、省道设计、腰线设计等方法，其中最常用到的是分割线设计，由于大衣自身款式结构较多为H型、A型等宽松结构，所以起着收身合体作用的省道设计在大衣结构的设计中不如西装和夹克的省道设计应用充分。

　　1.**分割线设计**：利用各种形式的分割、拼接设计，使得廓型简洁的大衣设计效果更为多样和丰富（图9-7）。

(a)　　　　　　　　　　(b)　　　　　　　　　　(c)

(d)　　　　　　　　　　(e)　　　　　　　　　　(f)

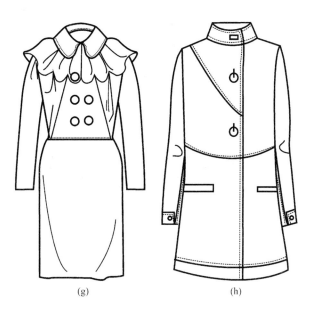

(g)　　　　　　　　　　(h)

图9-7　分割线设计

　　2. **省道设计**：大衣的省道设计大多为公主线的设计，因而实际上也属于分割线设计，但因为省量转移到分割线中，故将大衣中的公主线设计归为省道设计，大衣中的公主线一般由袖窿或肩部经过胸部延伸直至下摆（图9-8）。

(a)　　　　　　　　　　(b)　　　　　　　　　　(c)

图9-8

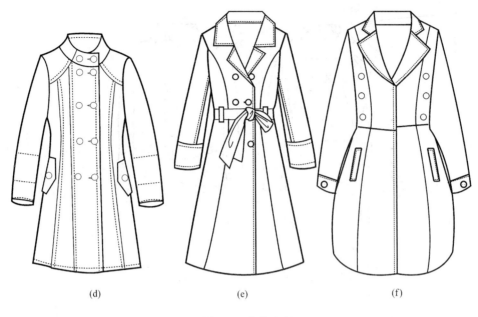

(d)   (e)   (f)

图9-8　省道设计

第三节　大衣款式局部设计

　　大衣款式设计包括了诸多局部设计，比如领部、袖部、肩部、腰部、口袋、下摆等。由于局部设计的变化多样，而且能进行随意组合，为大衣款式设计提供丰富的空间，是大衣款式设计重要的元素。

　　1. **领部设计**：大衣领部设计采用较多的为传统的翻驳领，根据翻驳领的大小、长短、造型等也能设计出形态多样的大衣领型，另外，一些非翻驳领领型，如翻领、一字领等也可以应用在大衣领部设计中，使得领部设计具有一定的新颖性（图9-9）。

　　2. **袖部设计**：袖部设计是大衣款式设计中重要的局部设计之一，设计手法、效果较为丰富，比如根据袖子的长短、袖根造型、袖口造型、装袖工艺等可以设计出丰富多样的袖部款式（图9-10）。

　　3. **腰部设计**：由于大衣自身的结构特点，在款式设计中，大部分的大衣都有腰部的设计，主要体现在腰带上，根据腰带的造型可以进行腰部的多样化设计（图9-11）。

　　4. **门襟设计**：门襟设计是大衣设计中兼具功能性与装饰性的局部设计，早在17世纪巴洛克时期的男士大衣中，门襟就是重要的局部设计，体现了很强的装饰性。当今女式大衣中，除了传统的双排扣、单排扣门襟外，也结合了多用于夹克中的拉链门襟、斜开门襟等（图9-12）。

图9-9 领部设计

(a)

(b)

(c)

(d)

(e)

(f)

图9-10　袖部设计

(a)　　　　　　　　　(b)　　　　　　　　　(c)

(d)　　　　　　　　　(e)　　　　　　　　　(f)

图9-11

(g)

(h)

图9-11　腰部设计

(a)

(b)

(c)

图9-12

(d)　　　　　　　　　(e)　　　　　　　　　(f)

(g)　　　　　　　　　(h)

图9-12　门襟设计

　　5.口袋设计：大衣的口袋设计同样兼具功能性与装饰性为一体，根据口袋的形状以及挖袋、贴袋等工艺的不同呈现不同的口袋设计效果（图9-13）。

图9-13　口袋设计

6.**下摆设计**：下摆设计主要体现在下摆的线条造型上，是大衣款式设计中最容易被忽视的局部设计，但作为整体款式设计中不可或缺的组成部分，下摆的设计同样对大衣最终款式效果起到重要的作用（图9-14）。

(a)　　　　　　　　　(b)　　　　　　　　　(c)

(d)　　　　　　　　　(e)　　　　　　　　　(f)

图9-14　下摆设计

第四节　大衣款式设计案例精析

　　此款大衣为咖啡色毛呢大衣（图9-15），通过此案例的详细解析，主要掌握毛呢大衣粗纺面料肌理的绘制方法。

图9-15 毛呢大衣

步骤一：辅助线设置

依据毛呢大衣关键数据，在绘图区，按照1∶5的比例（单位：cm）进行辅助线的设置（图9-16）。

步骤二：毛呢大衣廓型绘制

参照辅助线，单击工具箱中的【钢笔工具】，在控制栏里设置描边粗细为"4pt"，描边色为"黑色"，参照辅助线绘制出大衣廓型。设置描边粗细为"3pt"，描边色为"黑色"，绘制出大衣内部结构线（图9-17）。

再用【钢笔工具】，设置相关描边数值，粗细为"1.5pt"，虚线"4pt"，间隙"2pt"，进行明缉线的绘制。再次选择工具箱中的【钢笔工具】，在控制栏里设置描边粗细为"1pt"，描边色为"黑色"，绘制出口袋部位。最终完成毛呢大衣的款式绘制（图9-18）。

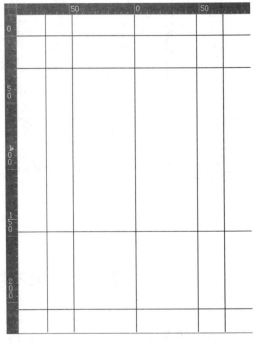

图9-16 辅助线

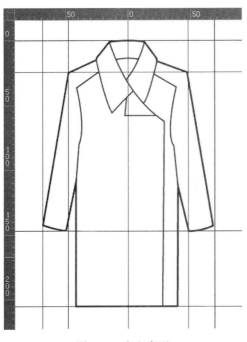

图9-17　大衣廓型

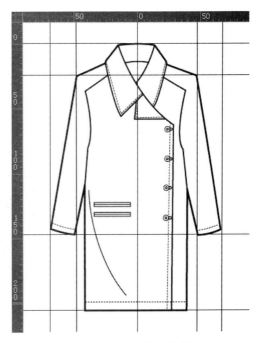

图9-18　大衣款式绘制

步骤三：大衣面料绘制

（1）选择工具箱中的【选择工具】 ，选择大衣款式中的廓型，然后，再对需要进行填充的颜色进行设置（图9-19），最终完成大衣颜色填充（图9-20）。

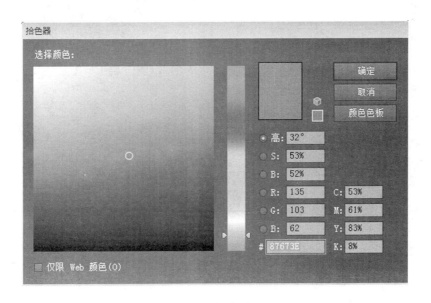

图9-19　颜色设置

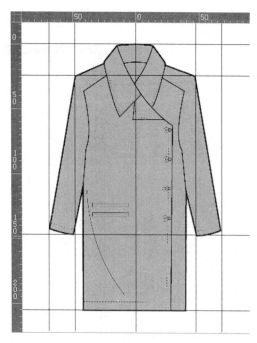

图9-20　颜色填充

（2）选择工具箱中的【选择工具】👆，选择大衣款式的廓型，执行菜单栏中的"编辑→复制"与"编辑→粘贴"命令，在原大衣旁复制出一新大衣廓型（图9-21）。然后用【选择工具】👆选中新大衣廓型，点击【色板】（图9-22）中的【"色板库"菜单】按钮，执行"图案→装饰→装饰旧版"命令，选择其中的"犬牙织纹颜色"（图9-23），得到大衣面料填充效果（图9-24）。

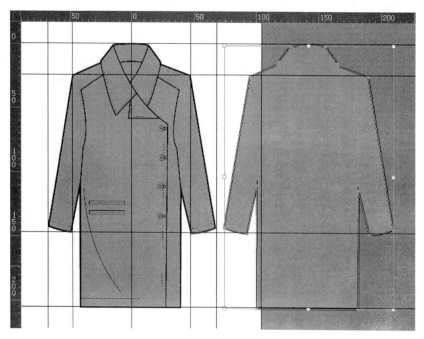

图9-21　大衣复制

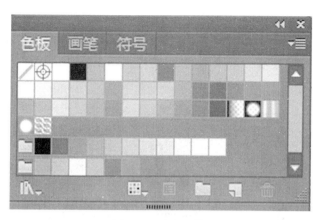

图9-22 色板面板

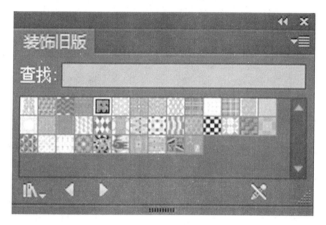

图9-23 犬牙织纹颜色

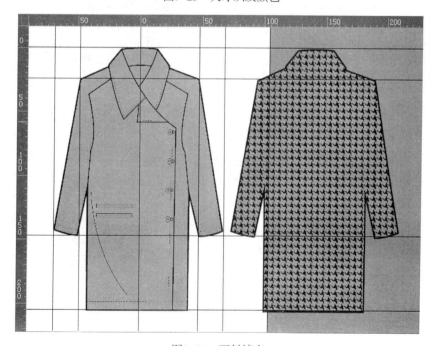

图9-24 面料填充

（3）若要改变填充面料的图案大小，可以将鼠标移至面料之上，单击鼠标右键，弹出下拉列表，执行"变换→缩放"命令，根据设计效果的需要，对【缩放】面板中的相关数据进行设置（图9-25），最终将图案大小进行调整（图9-26）。

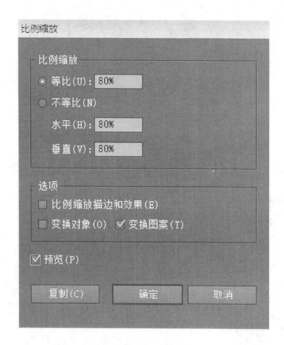

图9-25　比例缩放设置

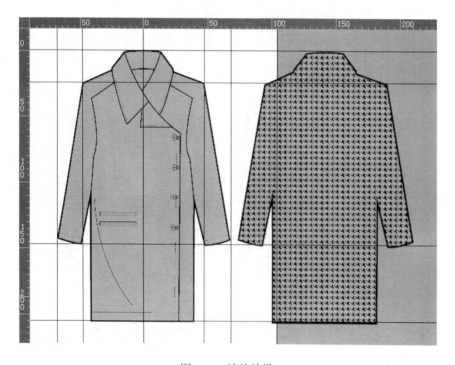

图9-26　缩放效果

（4）图案大小调整后，用【选择工具】将复制的大衣廓型移到与原来大衣的重合位置，继续选中复制的大衣廓型，在【透明度】面板中，选择"正片叠底"，设置不透明度为"70%"（图9-27），最终得到所需逼真的毛呢大衣面料效果，最后再绘制出领口部位的里料，即完成毛呢大衣的绘制（图9-28）。

图9-27　透明度面板

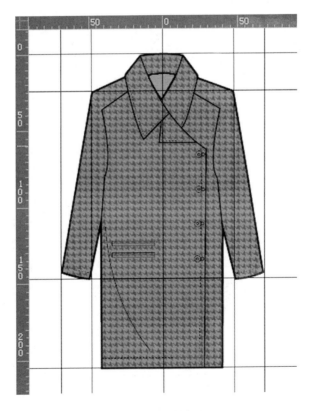

图9-28　最终效果

思考练习题

1. 用Illustrator CS6软件分别绘制出大衣廓型设计五款。
2. 用Illustrator CS6软件分别绘制出大衣结构设计五款。
3. 用Illustrator CS6软件分别绘制出大衣局部设计五款。
4. 用Illustrator CS6软件进行大衣款式综合设计三款，并进行色彩与面料填充。

Illustrator服装款式设计与案例精析——

Illustrator罩衫款式设计

教学内容： 1. 罩衫款式廓型设计

          2. 罩衫款式结构设计

          3. 罩衫款式局部设计

          4. 罩衫款式设计案例精析

课程课时： 4课时

教学目的： 掌握应用Illustrator软件进行罩衫款式设计的方法。

教学方式： 实操演示，现场辅导。

教学要求： 1. 掌握罩衫款式设计中廓型设计的种类与要点。

          2. 掌握罩衫款式设计中结构设计的种类与要点。

          3. 掌握罩衫款式设计中局部设计的种类与要点。

          4. 通过案例精析掌握针织T恤印花图案的填充方法。

课前准备： 需计算机机房上课，计算机需要预装Illustrator CS6软件，课前需搜集准备最新的罩衫款式设计案例素材。

第十章　Illustrator罩衫款式设计

　　罩衫是春夏女装日常生活中最为常见的服装，常采用无衣襟、纯棉针织面料的设计，穿着舒适、自然，风格休闲，成为全世界最流行、最为大众化的服装之一。在款式设计上，结合不同的长度，以及不同的领部、袖子、下摆等设计，再运用蕾丝边、荷叶边等装饰，以及搭配不同材质的面料，可以设计出风格休闲、随意，款式丰富的罩衫。

第一节　罩衫款式廓型设计

　　由于罩衫最为常用的针织面料本身都具有柔软、有弹性的特点，所以罩衫廓型多为宽松随意或者紧身贴体型，根据罩衫平铺形状，可以分为H型、A型、X型、箱型等，其他的廓型根据流行的变迁也有一定的应用。另外，按长度还可分为短款、中长款与长款。

一、根据罩衫不同的轮廓分类

　　根据罩衫不同的轮廓可分为：H型、A型、X型、O型、箱型、X型、Y型等。

　　1. H型：H型罩衫一般应用在长款中，线条简洁、流畅，长度达到大腿部位，可以作为一件套连身裙进行穿着，也可搭配打底裤、牛仔裤等下装（图10-1）。

(a)　　　　　　　　　　(b)　　　　　　　　　　(c)

图10-1 H型罩衫

2. A型：在款式设计上呈现上紧下松的特点，选用轻薄、悬垂感好的针织面料，能设计出流畅而富有动感，风格休闲、轻松的罩衫（图10-2）。

图10-2 A型罩衫

3. X型：X型罩衫利用了针织面料柔软、富有弹性的特点，不需要进行收省，依靠面料自身的弹性就能设计出紧身贴体型的罩衫廓型，具有较强的女性化风格（图10-3）。

(a)   (b)   (c)

(d)   (e)   (f)

图10-3　X型罩衫

4. Y型：在款式设计上呈现上松下紧的特点，在腰部和臀部收紧，相对于H型、A型的罩衫而言，Y型罩衫廓型更显利落、紧致（图10-4）。

5. 箱型：箱型罩衫平铺的廓型呈现正方造型，穿着宽松、随意，与H型罩衫风格类似，都呈现出简洁、流畅、轻松、休闲的效果（图10-5）。

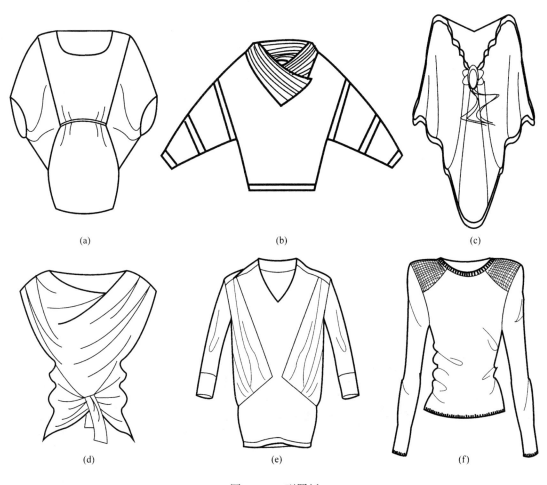

(a)　　　　　　　　(b)　　　　　　　　(c)

(d)　　　　　　　　(e)　　　　　　　　(f)

图10-4　Y型罩衫

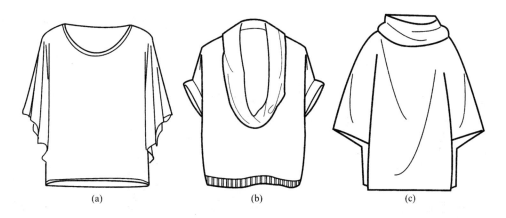

(a)　　　　　　　　(b)　　　　　　　　(c)

图10-5

图10-5 箱型罩衫

二、根据罩衫不同的长度分类

根据罩衫不同的长短可分为：短款罩衫、中长款罩衫、长款罩衫。

1. **短款**：短款罩衫长度一般至腰线附近，下摆可收可放，与裤装、裙装都便于搭配，给人以修长、利落的效果（图10-6）。

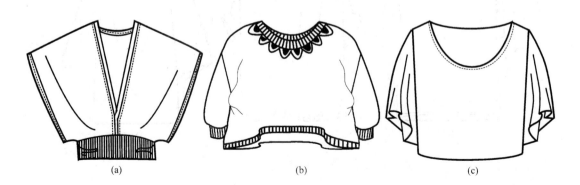

(d)　　　　　　　　　　(e)　　　　　　　　　　(f)

(g)　　　　　　　　　　　　(h)

图10-6　短款罩衫

2. **中长款**：中长款罩衫长度一般在臀围线附近，是罩衫最为常见的长度，是女性春夏最重要的外出休闲服装之一，可以单独作为外衣穿着，也可与外套进行搭配穿着（图10-7）。

(a)　　　　　　　　　　(b)　　　　　　　　　　(c)

图10-7

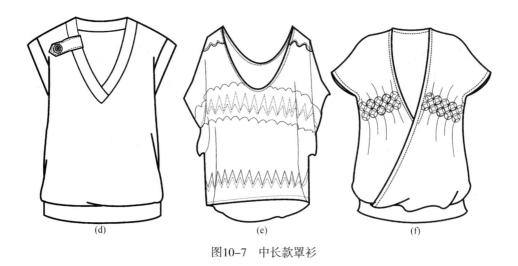

图10-7　中长款罩衫

3.**长款**：长款罩衫长度范围在臀围线至膝盖之间，A型、H型、X型等多种廓型都可采用长款造型，作为连身装可搭配打底裤、牛仔裤、铅笔裤等下装进行穿着（图10-8）。

图10-8　长款罩衫

第二节　罩衫款式结构设计

　　罩衫款式的结构设计中，最常采用的是分割线设计，因罩衫廓型多为宽松休闲型廓型，在结构设计上不需要进行立体的省道处理，所以罩衫的结构设计基本上不采用省道设计。

　　罩衫分割线设计，利用各种形式的分割、拼接设计，使得款式简洁的罩衫设计效果更为多样和丰富（图10-9）。

(a)　　　　　　　　　　(b)　　　　　　　　　　(c)

(d)　　　　　　　　　　(e)　　　　　　　　　　(f)

图10-9

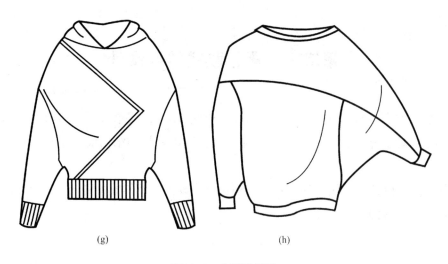

(g)　　　　　　　　　　　　　(h)

图10-9　分割线设计

第三节　罩衫款式局部设计

罩衫局部款式设计主要包括领部、袖部、腰部和下摆等。由于局部设计变化多样，且能进行随意组合，因而局部设计为罩衫款式设计提供丰富的空间，是罩衫款式设计重要的元素。另外，在局部细节设计中，也常常结合亮片镶边、面料的皱褶、蕾丝花边以及各式各样的图案，使得罩衫设计呈现出多样的效果。

1. **领部**：罩衫的领部造型设计较为多样，最常见的领部设计为领子造型线的设计，比如各式的圆领、方领、鸡心领型等，另外，也常采用具有极强装饰性的花边、荷叶边等领子造型（图10-10）。

2. **袖部**：因为罩衫多为宽松休闲型款式，所以罩衫的袖部设计多为舒适与宽松的连身袖款式。另外，在袖子长短、造型上也有很大的变化空间（图10-11）。

(a)　　　　　　　　　　(b)　　　　　　　　　　(c)

(d)　　　　　　　　　　(e)　　　　　　　　　　(f)

(g)　　　　　　　　(h)

图10-10　领部设计

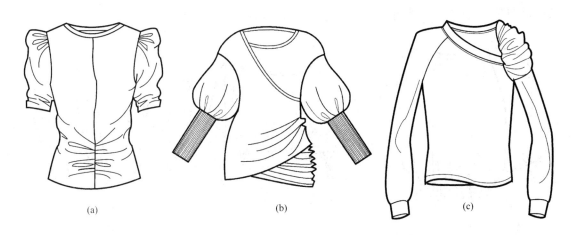

(a)　　　　　　　　　　(b)　　　　　　　　　　(c)

图10-11

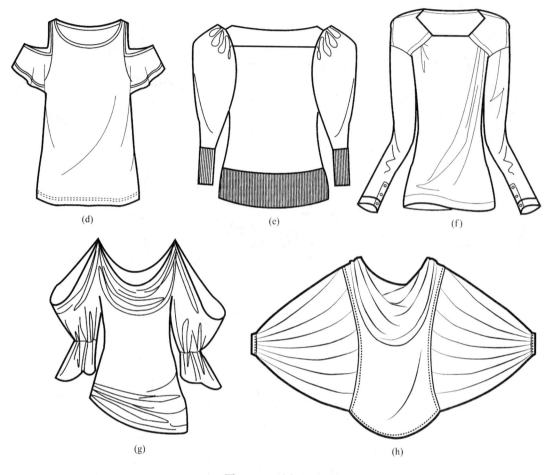

图10-11 袖部设计

3. 腰部：罩衫腰部都以宽松为主，所以罩衫腰部设计不在于束腰，而更主要体现装饰性能，比如常采用面料的堆积、腰带的打结、蝴蝶结等装饰手法（图10-12）。

4. 下摆：罩衫的下摆设计主要有下摆造型设计与花边拼贴装饰设计等手法，下摆造型常采用圆摆、直摆、不规则下摆等造型（图10-13）。

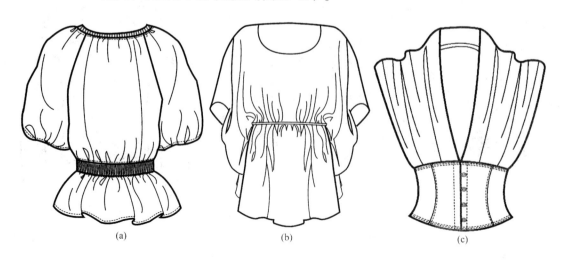

(d)

(e)

(f)

图10-12 腰部设计

(a)

(b)

(c)

(d)

(e)

(f)

图10-13

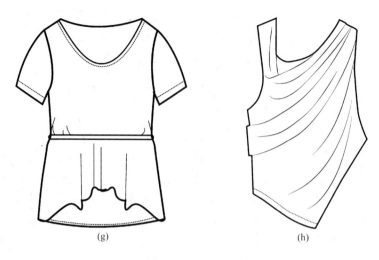

(g)　　　　　　　　　　　　　　　　　　　(h)

图10-13　下摆设计

第四节　罩衫款式设计案例精析

此款罩衫为印花T恤（图10-14），通过此案例的详细解析，主要掌握印花图案的绘制方法。

图10-14　针织印花罩衫

步骤一：辅助线设置

依据T恤关键数据，在绘图区，按照1∶5的比例（单位：cm）进行辅助线的设置（图10-15）。

步骤二：T恤基本款式绘制

（1）参照辅助线，单击工具箱中的【钢笔工具】，在控制栏中设置描边粗细为"3pt"，描边色为"黑色"（图10-16），无颜色填充，参照辅助线绘制出T恤廓型（图10-17）。

（2）在控制栏中设置描边粗细为"1pt"，描边色为"黑色"，绘制出T恤局部褶皱、领口等细节（图10-18）。

步骤二：颜色填充

选择工具箱中的【选择工具】，选中T恤衣身部分，在工具箱中双击【填色工具】，对颜色进行设置（图10-19），填充T恤衣身部分。另外，再用【选择工具】，选中T恤袖口、领口部分，对颜色进行设置（图10-20），填充T恤其余部分，最终颜色填充完成（图10-21）。

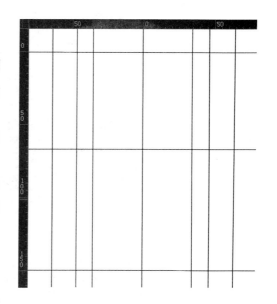

图10-15　辅助线

图10-16　描边设置

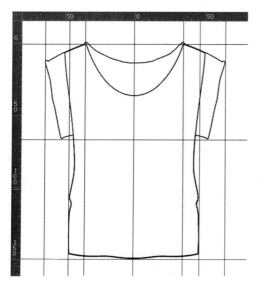

图10-17　罩衫廓型

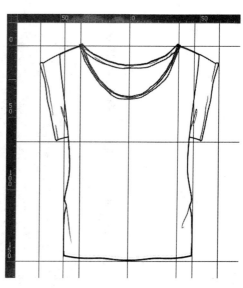

图10-18　罩衫细节

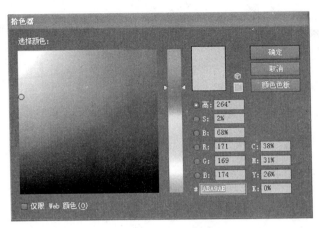

图10-19　衣身颜色设置

图10-20　局部颜色设置

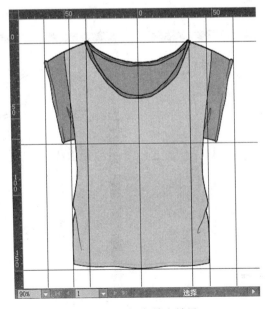

图10-21　颜色填充效果

步骤三：图案设置

（1）在菜单栏中执行"文件→置入"命令，将JPG格式的图案置入编辑区中，并调整其在T恤中的位置和大小（图10-22）。

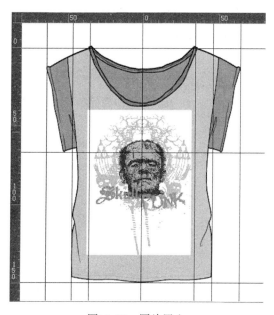

图10-22　图片置入

（2）单击工具箱中【选择工具】 ，选择刚置入的图案，在菜单栏中执行"窗口→透明度"命令，打开【透明度】面板（图10-23），选择其中的"正片叠底"选项后单击确定，得到最终与T恤融合在一起的图案效果（图10-24）。

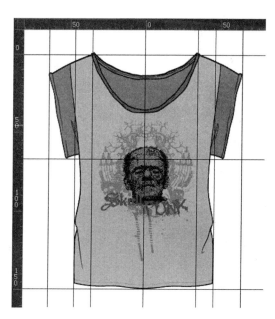

图10-23　透明度面板

图10-24　图案效果

思考练习题

1. 用Illustrator CS6软件分别绘制出罩衫廓型设计五款。
2. 用Illustrator CS6软件分别绘制出罩衫结构设计五款。
3. 用Illustrator CS6软件分别绘制出罩衫局部设计五款。
4. 用Illustrator CS6软件进行罩衫款式综合设计三款，并进行色彩、图案的填充绘制。

Illustrator服装款式设计与案例精析——

Illustrator礼服裙款式设计

教学内容： 1. 礼服裙款式廓型设计
2. 礼服裙款式结构设计
3. 礼服裙款式局部设计
4. 礼服裙款式设计案例精析

课程课时： 2课时

教学目的： 掌握应用Illustrator软件进行礼服裙款式设计的方法。

教学方式： 实操演示，现场辅导。

教学要求： 1. 掌握礼服裙款式设计中廓型设计的种类与要点。
2. 掌握礼服裙款式设计中结构设计的种类与要点。
3. 掌握礼服裙款式设计中局部设计的种类与要点。
4. 通过案例精析掌握四方连续面料填充与蕾丝花边绘制方法。

课前准备： 需计算机机房上课，计算机需要预装Illustrator CS6软件，课前需搜集准备最新的礼服裙款式设计案例素材。

第十一章 Illustrator礼服裙款式设计

礼服裙是女性出席晚宴、派对等正式场合必不可少的服装种类，随着我国人民生活水平的不断提高，礼服裙成为女性衣柜中重要的服装品类。传统礼服裙一般采用连身裙的形式，结合多种丝绸类的面料，突出女性典雅端正、高贵性感等特质。

第一节 礼服裙款式廓型设计

礼服裙的廓型一般在连身裙廓型的基础上，在造型、长度上进行变化，另外，结合礼服裙的设计风格，比如高贵性感的风格一般采用紧身贴体的廓型，而典雅端正的风格则较常采用略为宽松的舒适廓型，总之，在进行礼服裙款式廓型设计时要多方面考虑不同的风格、场合、季节以及面料等对礼服裙的廓型设计的要求。

一、根据礼服裙不同的轮廓分类

根据礼服裙不同的轮廓造型，常见的有A型、X型、H型。

1. A型：A型礼服裙多应用于端庄典雅的风格，结合飘逸悬垂感强的面料，充分表现自然、舒适、典雅的风格（图11-1）。

2. X型：X型礼服裙较常应用在紧身贴体的性感型风格中，结合华丽的丝绸类面料。展现出奢华、性感、高贵的风格（图11-2）。

3. H型：H型礼服裙，较常采用悬垂感好的面料，具有随意、自然、休闲、率性的特点（图11-3）。

二、根据礼服裙不同的长度分类

根据礼服裙不同的长度，可分为短款、中长款、长款三大类。

1. 短款：短款礼服裙长度不超过膝盖，多应用于俏皮、可爱的风格，在少女类的礼服裙中较为常用（图11-4）。

2. 中长款：中长款礼服裙长度一般超过膝盖，在小腿肚至脚踝之间，是礼服裙最为常见的长度，结合不同的款式、面料，应用于多种类、多风格的礼服裙中（图11-5）。

3. 长款：长款礼服裙长度在脚踝以下，长度一般及地或拖尾，常采用华丽的丝绸面料，多应用在华丽宫廷类风格的礼服裙中（图11-6）。

(a)

(b)

(c)

(d)

(e)

(f)

图11-1 A型礼服裙

(a)　　　　　　　　　　　　(b)　　　　　　　　　　　　(c)

(d)　　　　　　　　　　　　(e)　　　　　　　　　　　　(f)

图11-2　X型礼服裙

(a)　　　　　　　　　(b)　　　　　　　　　(c)

(d)　　　　　　　　　(e)　　　　　　　　　(f)

图11-3　H型礼服裙

(a)   (b)   (c)

(d)   (e)   (f)

图11-4　短款礼服裙

(a)   (b)   (c)

(d)　　　　　　　　　　　　(e)　　　　　　　　　　　　(f)

图11-5　中长款礼服裙

(a)　　　　　　　　　　　　(b)　　　　　　　　　　　　(c)

图11-6

图11-6　长款礼服裙

第二节　礼服裙款式结构设计

礼服连衣裙的结构设计同样采用分割与省道两种方法，一般情况下，在进行连衣裙的结构设计时，不管是分割还是省道设计，大多是在紧身、合体类的连衣裙廓型中进行，尤其是省道设计，省道本就是用来打造紧身合体的服装效果，所以，省道设计多见于紧身贴体性感类的礼服连衣裙中。在进行礼服连衣裙款式设计时要充分应用结构设计，使连衣裙的款式具有良好的比例和严谨的结构。

1. **分割线设计**：利用各种形式的分割、拼接设计，采用不同材质、不同图案、不同颜色等面料进行拼接，可以设计出丰富的连衣裙结构（图11-7）。

(a)　　　　　　　　　　(b)　　　　　　　　　　(c)

(d)　　　　　　　　　　(e)　　　　　　　　　　(f)

图11-7

(g)　　　　　　　　(h)

图11-7　分割线设计

2. **省道设计**：礼服裙的省道设计大多应用在X型紧身廓型的礼服裙中，突出表现女性成熟、性感的风格，设计中以腰省为主，另外也可将腰省部分转移至侧缝省、袖窿省中（图11-8）。

(a)　　　　　　　　(b)　　　　　　　　(c)

(d)　　　　　　　　　　(e)　　　　　　　　　　(f)

图11-8　省道设计

第三节　礼服裙款式局部设计

礼服连衣裙是女装中最能突出表现女性特质的服装，具有很强装饰性的局部设计是礼服裙设计时表现女性化、装饰性、差异化、系列化等的重要部位，能为礼服裙设计提供广阔的设计空间。礼服裙局部设计的手法与方式极其丰富，主要体现在领部设计、袖部设计、胸部设计、腰部设计、下摆设计等处，作为最能表现女性特质的礼服裙，而处于视觉中心的领部、胸部等处更是礼服裙设计的重点。

1. **领部设计**：礼服裙一般无门襟，领部设计主要体现在领口造型与花边镶嵌等手法上。在设计时依据礼服裙的风格进行领部造型的设计，比如性感类风格多选用低开口、深V等造型，典雅类风格可以选用斜开口或花边镶嵌等设计手法（图11-9）。

2. **袖部设计**：礼服裙的袖部设计以无袖和短袖造型居多，另外，在袖部设计中也常用到荷叶花边、面料的堆积、灯笼袖、羊腿袖等极具装饰性的设计元素（图11-10）。

3. **胸部设计**：在女装款式局部设计中，唯有礼服裙最为重视胸部设计，装饰性元素在礼服裙的胸部设计中有着大量的应用，比如面料的堆积、花卉造型、蝴蝶结、褶皱肌理等装饰元素的应用（图11-11）。

图11-9 领部设计

(a)　　　　　　　　　　(b)　　　　　　　　　　(c)

(d)　　　　　　　　　　(e)　　　　　　　　　　(f)

图11-10　袖部设计

4.腰部设计：礼服裙的腰部设计具有多种设计方法，比如腰带设计、腰线位置设计、腰部面料拼接、腰部的镂空等，在设计时可根据礼服裙设计的要求与风格选择合适的设计手法（图11-12）。

(a)　　　　　　　　　　(b)　　　　　　　　　　(c)

(d)　　　　　　　　　　(e)　　　　　　　　　　(f)

图11-11　胸部设计

5. **下摆设计**：在众多女装种类中，相对来说礼服裙的局部设计较为重视下摆设计，特别是长款礼服裙的下摆设计更是其设计的重点，各式下摆造型线、各式的拖尾、各种花边的镶嵌、各式面料的堆积和拼贴，为礼服裙的下摆设计提供了多样的选择，打造出俏皮的、奢华的、民族的等各式礼服裙风格（图11-13）。

(a)　　　　　　(b)　　　　　　(c)

(d)　　　　　　(e)　　　　　　(f)

图11-12

(g)　　　　　　　　　　　　　(h)

图11-12　腰部设计

(a)　　　　　　　　　　(b)　　　　　　　　　　(c)

(d)　　　　　　　(e)　　　　　　　(f)

(g)　　　　　　　(h)

图11-13　下摆设计

第四节　礼服裙款式设计案例精析

此款礼服裙为领口带蕾丝的印花礼服裙（图11-14），通过此案例的详细解析，主要掌握四方连续印花图案的填充方法与蕾丝的绘制方法。

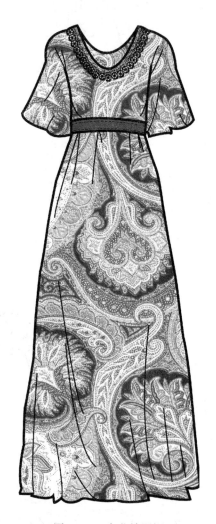

图11-14　印花礼服裙

步骤一：辅助线与款式绘制

（1）依据礼服裙关键数据，在绘图区按照1：5的比例（单位：cm），进行辅助线的设置（图11-15）。

（2）参照辅助线，选择工具箱中的【钢笔工具】 ，在控制栏里设置描边粗细为"4pt"，描边色为"黑色"，参照辅助线绘制出礼服款式（图11-16）。

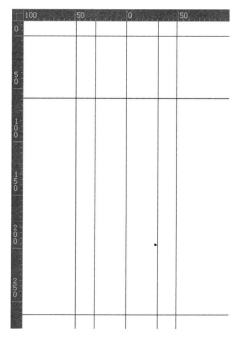

图11-15　辅助线

图11-16　礼服裙款式

步骤二：印花面料填充

（1）图案填充，在菜单栏中，执行"文件→置入"命令，在弹出的"置入"对话框中，选择目标置入印花面料，点击"置入"按钮，将四方连续的印花面料置入（图11-17），用【选择工具】 ▶ 选中置入的面料，然后点击控制栏中的【嵌入】按钮 嵌入 。最后，打开【色板】面板（图11-18），用【选择工具】 ▶ 选中嵌入后的面料，直接将图片拖入【色板】面板中，即可新建图案。

图11-17　面料置入

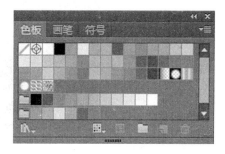

图11-18　色板面板

（2）用工具箱中的【选择工具】 ，将礼服裙款式的所有路径框选，然后选择工具箱中的【实时上色工具】 后，再单击【色板】中新建的印花图案。最后，将鼠标移动至需要填充的面料封闭区域内单击鼠标，即可完成印花面料的填充（图11-19）。

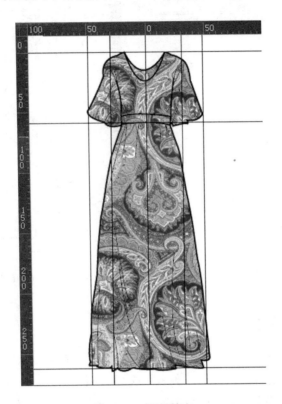

图11-19　面料填充

若要改变填充面料的大小，可以将鼠标移至面料之上，单击鼠标右键，弹出下拉列表，执行"变换→缩放"命令，根据设计效果的需要，对【缩放】面板中的相关数据进行设置。

（3）选择工具箱中的【选择工具】 ，选择礼服裙款式中的腰带，然后，对需要进行填充的颜色进行设置（图11-20），最终完成腰带颜色填充（图11-21）。

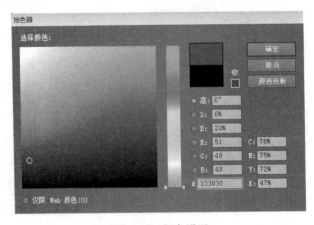

图11-20　颜色设置

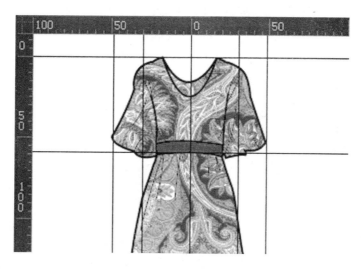

图11-21　腰带颜色填充

步骤三：蕾丝花边绘制

（1）在绘图区，选择工具箱中的【钢笔工具】和【椭圆形工具】，在控制栏里设置描边粗细为"1pt"，填充色为"白色"，进行蕾丝边基本单元的绘制（图11-22），因蕾丝边是二方连续图案，所以在进行蕾丝边绘制时需考虑衔接要准确自然，二方连续图案的蕾丝图案绘制完成后，在菜单栏中，执行"文件→导出"命令，将蕾丝图案保存为JPG格式。

（2）在菜单栏中，执行"文件→置入"命令，在弹出的"置入"对话框中，选中刚才存为JPG格式的蕾丝图案，点击"置入"按钮，将二方连续的蕾丝图案置入（图11-23），用【选择工具】选中置入的图案，然后点击控制栏中的【图像描摹】按钮 **图像描摹 ▼** ，在弹出的选项中，选择【黑白徽标】（图11-24）。最后，打开【画笔】面板，用【选择工具】选中蕾丝图案，直接将图片拖入【画笔】面板中，弹出【新建画笔】对话框（图11-25），选择【散笔画笔】后，弹出【散笔画笔选项】对话框（图11-26），单击确定，即新建画笔（图11-27）。

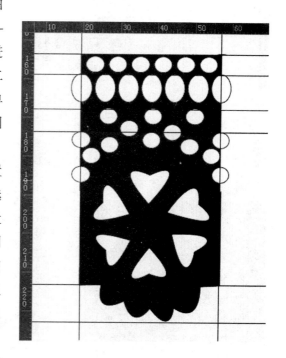

图11-22　蕾丝单元绘制

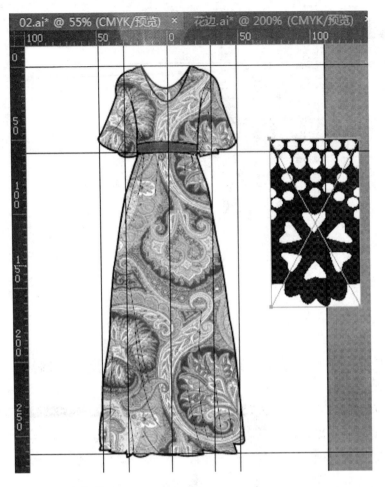

图11-23 蕾丝置入

图11-24 黑白徽标命令

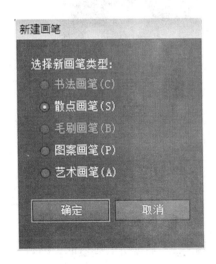

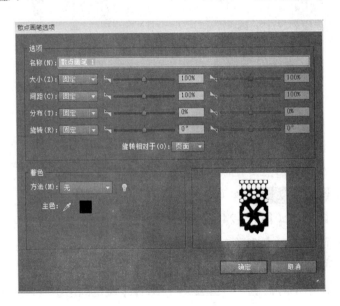

图11-25 新建画笔

图11-26 散笔画笔选项

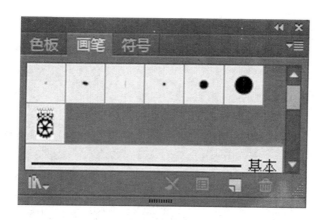

图11-27 画笔新建完成

（3）选择工具箱中的【钢笔工具】，在控制栏里设置描边粗细为"1pt"，描边色为"黑色"，在领口处绘制一路径（图11-28）。路径绘制完成后，用【选择工具】选中路径，然后单击刚刚在【画笔】面板中新建的蕾丝画笔，弹出【描边选项】对话框，对其中的相关数据进行设置（图11-29），即绘制出领口的蕾丝边效果（图11-30），用【选择工具】选中蕾丝边，执行菜单栏中"窗口→透明度"命令，打开【透明度】面板，选择其中的"正片叠底"选项（图11-31），领口蕾丝效果即绘制完成（图11-32），最终礼服裙效果如图11-33所示。

图11-28 领口路径绘制

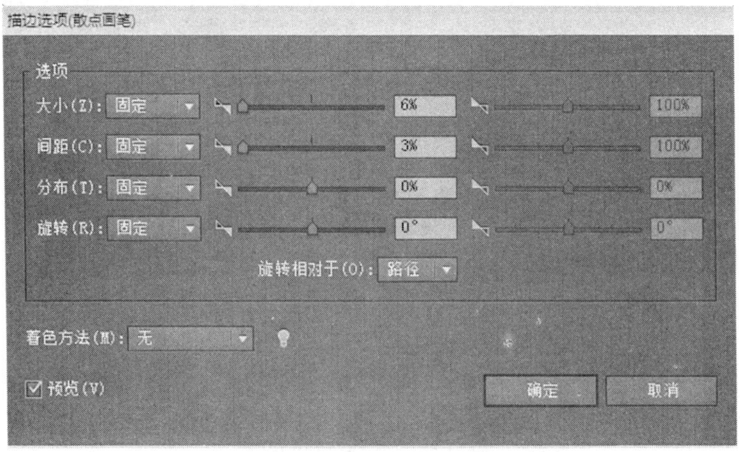

图11-29　描边选项设置

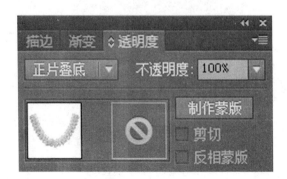

图11-30　蕾丝边效果

图11-31　正片叠底

图11-32 蕾丝效果

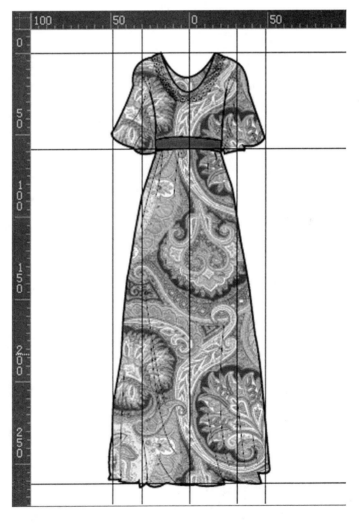

图11-33 最终效果

思考练习题

1. 用Illustrator CS6软件分别绘制出礼服裙廓型设计五款。

2. 用Illustrator CS6软件分别绘制出礼服裙结构设计五款。

3. 用Illustrator CS6软件分别绘制出礼服裙局部设计五款。

4. 用Illustrator CS6软件进行礼服裙款式综合设计三款，并进行色彩、图案填充以及其他蕾丝花边等装饰元素的绘制。

Illustrator服装款式设计与案例精析——

Illustrator棉服与羽绒服款式设计

教学内容： 1. 棉服与羽绒服款式廓型设计

2. 棉服与羽绒服款式结构设计

3. 棉服与羽绒服款式局部设计

4. 棉服款式设计案例精析

课程课时： 2课时

教学目的： 掌握应用Illustrator软件进行棉服与羽绒服款式设计的方法。

教学方式： 实操演示，现场辅导。

教学要求： 1.掌握棉服与羽绒服款式设计中廓型设计的种类与要点。

2. 掌握棉服与羽绒服款式设计中结构设计的种类与要点。

3. 掌握棉服与羽绒服款式设计中局部设计的种类与要点。

4. 通过案例精析掌握棉服裘毛领的模拟绘制方法与罗纹下摆的绘制方法。

课前准备： 需计算机机房上课，计算机需要预装Illustrator CS6软件，课前需搜集准备最新的棉服与羽绒服款式设计案例素材。

第十二章　Illustrator棉服与羽绒服款式设计

棉服与羽绒服是冬季女性主要的外出服，是采用内充棉絮和羽绒填料的服装，具有很好的保暖性能，棉服面料一般采用厚实的棉型面料，穿着较为厚重，羽绒服面料一般为锦纶，锦纶的克重较低，所以穿着相对于棉服来说较为轻便。由于采用了填充料，在外观上呈现蓬松、柔软、圆润的效果，在制作工艺中，其特殊的绗缝工艺不仅可以固定填充料，使棉服与羽绒服表面呈现条状或格状的半立体感，也可为棉服与羽绒服增加细节的美感。另外，棉服与羽绒服的局部，如领部、连帽处常采用裘毛，除了保暖性能外，也具有较强的装饰性。

第一节　棉服与羽绒服款式廓型设计

作为冬季女性的外出服，棉服与羽绒服的实用性与功能性在设计中是主要考虑的因素，所以在款式设计上更多是为穿着功能服务。在廓型设计中，棉服与羽绒服的廓型设计不如女性的其他服装种类变化多样，棉服与羽绒服的廓型设计主要是根据不同的长度进行分类，可分为短款、中长款、长款三大类。

1. **短款**：短款棉服与羽绒服长度一般在腰线附近，常搭配紧身铅笔裤、牛仔裤，给人以修长、利落的效果，在冬季服装中相对较为轻便，是比较时尚的冬季服装（图12-1）。

2. **中长款**：中长款棉服与羽绒服长度一般在臀围线附近，款式与中长款夹克的款式相近，多配有可拆卸的风帽，是最为经典的冬装（图12-2）。

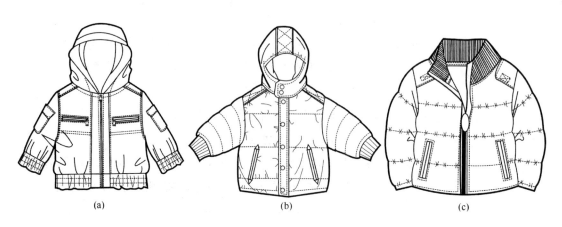

| (a) | (b) | (c) |

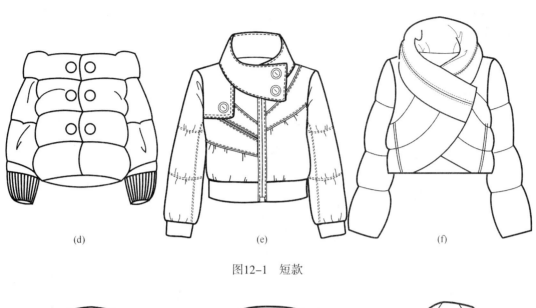

(d)　　　　　　　　　(e)　　　　　　　　　(f)

图12-1　短款

(a)　　　　　　　　　(b)　　　　　　　　　(c)

(d)　　　　　　　　　(e)　　　　　　　　　(f)

图12-2　中长款

3. **长款**：长款棉服与羽绒服长度范围在大腿中部至脚踝之间，一般在较为严寒地区应用比较普遍，具有很强的保暖、防风性能，但相对来说，长款的廓型不便于穿着者的活动（图12-3）。

(a)   (b)   (c)

(d)   (e)   (f)

图12-3　长款

第二节　棉服与羽绒服款式结构设计

棉服与羽绒服款式的结构设计，由于其结构设计不再强调合体修身，所以棉服与羽绒服的结构设计中较少用到省道，更多是采用分割设计，在进行分割设计时常常与特殊的绗缝工艺进行结合，使得绗缝不仅可以固定填充料，还能使棉服与羽绒服表面呈现条状或格状的半立体感，为棉服与羽绒服增加更多细节设计（图12-4）。

图12-4　分割线设计

第三节　棉服与羽绒服款式局部设计

　　与廓型、结构相比，棉服和羽绒服的款式设计中的局部设计，是款式设计中最能体现差异化、系列化的元素，能为棉服与羽绒服的款式设计提供更多样的选择。其中，在领部设计中，常常与裘毛与连帽进行结合，成为棉服与羽绒服最为常见和经典的设计元素，再结合其他的局部设计，如袖部、门襟、下摆的多样化设计，也能设计出更加时尚新颖的女性冬装。

1. **领部设计**：棉服与羽绒服的领部设计可以参考大衣的领部设计，比如翻驳领的应用，另外在材料上可以与裘毛进行结合，在样式上与连帽进行结合，也成为棉服与羽绒服领部设计的经典元素（图12-5）。

图12-5　领部设计

2. **袖部设计**：袖部设计在冬装的局部设计中变化相对不多，主要根据袖子的长短、袖根造型、袖口造型等进行设计（图12-6）。

3. **门襟设计**：门襟设计是棉服与羽绒服设计中具备功能性与装饰性的局部设计之一，也常参照夹克与大衣门襟进行设计，比如夹克的拉链门襟、大衣的双排扣门襟都是棉服与羽绒服常用到的门襟设计（图12-7）。

图12-6　袖部设计

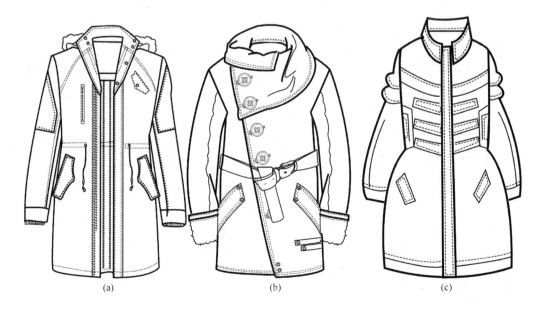

图12-7

图12-7　门襟设计

4.**下摆设计**：棉服与羽绒服的下摆设计相对来说并不是其局部设计的重点，在设计时主要考虑下摆的线条造型，在短款与中长款式中较常采用罗纹下摆，长款中可以适当结合拼贴等手法（图12-8）。

图12-8　下摆设计

第四节　棉服款式设计案例精析

此款棉服为带裘毛领棉服（图12-9），通过此案例的详细解析，主要掌握仿裘毛领的绘制方法以及罗纹下摆的绘制方法。

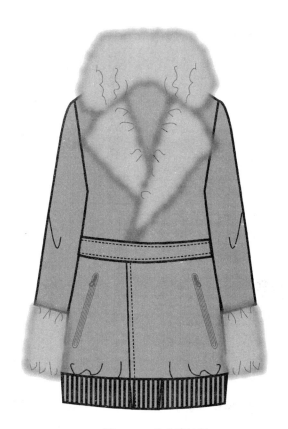

图12-9　裘毛领棉服

步骤一：辅助线设置

依据裘毛领棉服关键数据，在绘图区，按照1∶5的比例（单位：cm）进行辅助线的设置（图12-10）。

步骤二：毛领棉服廓型绘制

参照辅助线，单击工具箱中的【矩形工具】█，在控制栏里设置描边粗细为"4pt"，描边色为"黑色"，参照辅助线绘制出棉服廓型，其中翻领和袖口描边粗细为"3pt"（图12-11）。

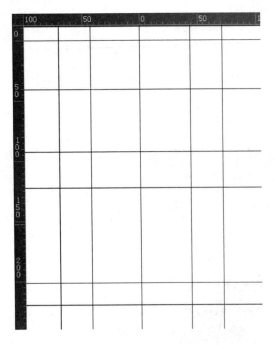

图12-10　辅助线

图12-11　棉服廓型

步骤三：毛领细节绘制

选择工具箱中的【选择工具】，选中毛领部分（图12-12），执行菜单栏中的"效果→扭曲与变换→粗糙化"命令，弹出对话框（图12-13）进行数值设置，即得到粗糙化后的毛领效果（图12-14），同样的方法对袖口进行粗糙化处理（图12-15）。

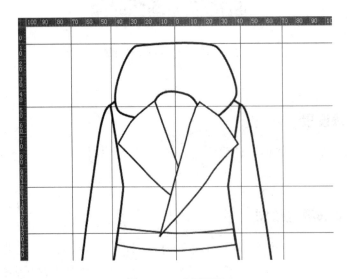

图12-12　毛领原形

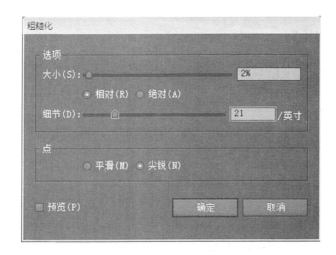

图12-13　粗糙化

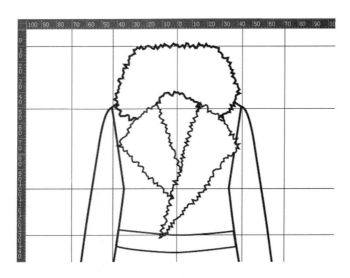

图12-14　毛领粗糙化效果

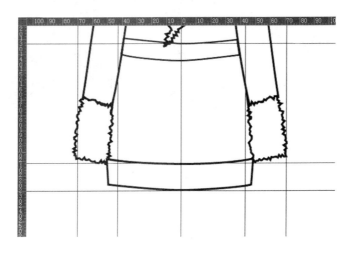

图12-15　袖口粗糙化效果

步骤四：罗纹下摆绘制

（1）使用工具箱中【钢笔工具】 ✏️ ，在控制栏中设置描边粗细为"4pt"，在下摆处绘制一直线（图12-16）。

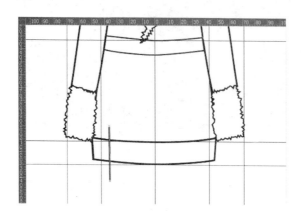

图12-16　直线绘制

（2）单击工具箱中【选择工具】 ▨ ，选择刚绘制的直线，将其直接拖入【画笔面板】中（图12-17），弹出"新建画笔"对话框（图12-18），选择"散点"画笔后单击"确定"按钮，弹出"散点画笔选项"对话框，点击"确定"即新建完画笔。

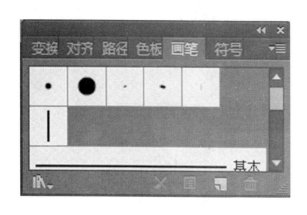

图12-17　拖入画笔面板

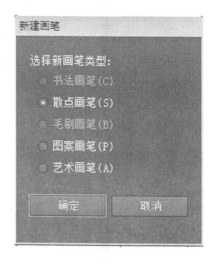

图12-18　新建画笔

（3）使用【钢笔工具】 ✏️ ，在下摆绘制一条路径（图12-19），选中路径的同时，单击【画笔】面板中上一步骤所新建的画笔，得到如图12-20所示效果。单击面板下端中的【所选对象的选项】，弹出"描边选项（散点画笔）"对话框（图12-21），按图中参数进行设置，注意对话框中的"旋转相对于"应选择"路径"选项，确定后最终生成密集直线（图12-22）。

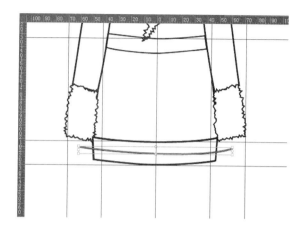

图12-19　路径绘制

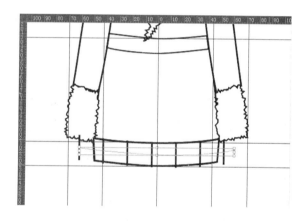

图12-20　新建画笔效果

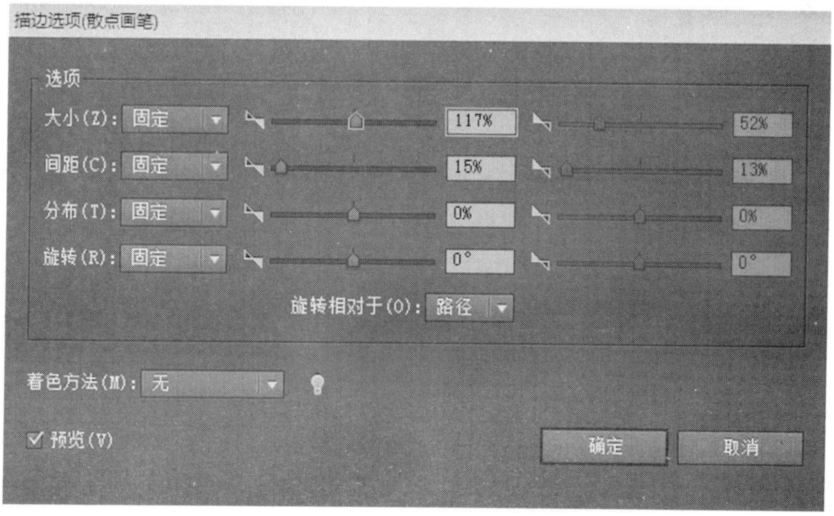

图12-21　散点画笔选项

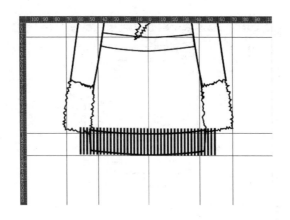

图12-22　密集直线效果

（4）使用工具箱中的【选择工具】 ，选中位于密集直线底部的下摆，在菜单栏中执行"复制→粘贴"命令，将复制出的下摆移动至密集直线上部，与原下摆位置重合（图12-23），再使用【选择工具】 ，按住"Shift"键加选散点画笔路径，执行菜单栏中的"对象→剪切蒙版→建立"命令，得到最终的罗纹下摆（图12-24）。最后再利用【钢笔工具】 与"填色"命令绘制出门襟下摆部位的细节（图12-25）。

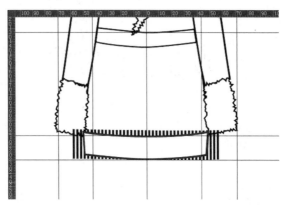

图12-23　下摆复制

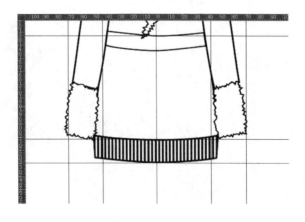

图12-24　罗纹下摆

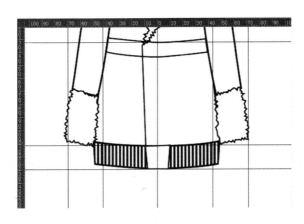

图12-25 下摆细节

步骤五：棉服细节绘制

（1）选择工具箱中的【钢笔工具】，在控制栏里设置描边粗细为"2pt"，描边色为"黑色"，绘制出袖肘与下摆部位的皱褶。

（2）再次选择工具箱中的【钢笔工具】，在控制栏里设置描边粗细为"1pt"，描边色为"黑色"，绘制出毛领、袖口部位的皱褶。

（3）再用【钢笔工具】，设置相关描边数值，粗细为"2pt"，虚线"4pt"，间隙"2pt"，进行明缉线的绘制。

（4）最后选择工具箱中的【钢笔工具】，在控制栏里设置描边粗细为"1pt"，描边色为"黑色"，绘制出口袋部位。最终完成毛领棉服款式的全部绘制（图12-26）。

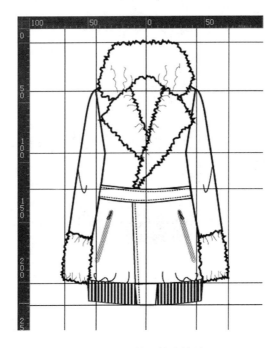

图12-26 棉服款式效果

步骤六：棉服颜色填充与毛领绘制

（1）选择工具箱中的【选择工具】，选择棉服款式中的衣身与两袖，然后，再对需要进行填充的颜色进行设置（图12-27），最终完成棉服颜色填充（图12-28）。

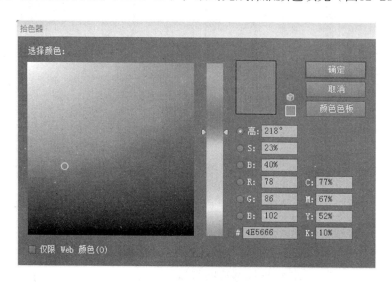

图12-27　颜色设置

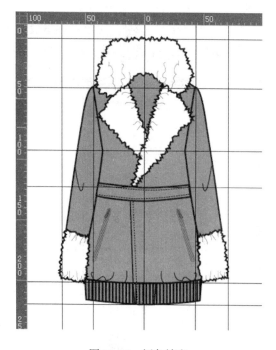

图12-28　颜色填充

（2）选择工具箱中的【选择工具】，连续选择棉服毛领与袖口，然后，再对需要进行填充的颜色进行设置（图12-29），完成棉服毛领与袖口颜色填充（图12-30）。

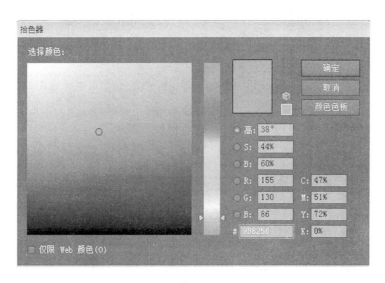

图12-29 颜色设置

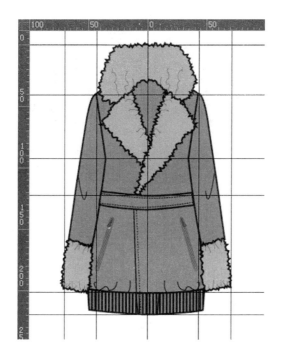

图12-30 毛领与袖口颜色填充

（3）选择工具箱中的【选择工具】 ，连续选中棉服毛领与袖口，然后，在菜单栏中执行"效果→模糊→高斯模糊"命令，弹出对话框，设置高斯模糊半径数据（图12-31），最终完成棉服毛领与袖口效果绘制（图12-32）。

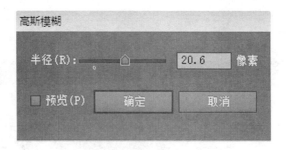

图12-31　高斯模糊

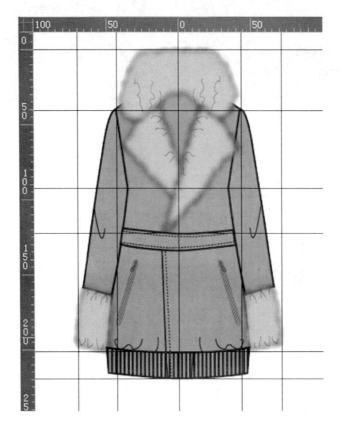

图12-32　最终效果

思考练习题

1. 用Illustrator CS6软件分别绘制出棉服与羽绒服廓型设计五款。

2. 用Illustrator CS6软件分别绘制出棉服与羽绒服结构设计五款。

3. 用Illustrator CS6软件分别绘制出棉服与羽绒服局部设计五款。

4. 用Illustrator CS6软件进行棉服与羽绒服款式综合设计三款，并进行色彩与面料填充以及裘毛材料的效果模拟。

参考文献

［1］李好定. 服装设计实务［M］. 刘国联，赵莉，王亚，吴卓，译. 北京：中国纺织出版社，2007.

［2］尚笑梅，舒平，杜赟. 服装设计：造型与元素［M］. 北京：中国纺织出版社，2008.

［3］西蒙·卓沃斯·斯宾塞，瑟瑞达·瑟蒙. 时装设计元素：款式与造型［M］. 董雪丹，译. 北京：中国纺织出版社，2009.

［4］马仲岭. CorelDRAW服装设计实用教程［M］. 3版. 北京：人民邮电出版社，2013.

［5］江汝南. 服装电脑绘画教程［M］. 北京：中国纺织出版社，2013.

［6］栩睿视觉. CorelDRAW服装款式设计案例精选［M］. 北京：人民邮电出版社，2011.

［7］栩睿视觉. CorelDRAW女装款式设计与绘制1000例［M］. 北京：人民邮电出版社，2011.

［8］丁雯. Illustrator服装款式设计经典案例［M］. 北京：人民邮电出版社，2013.

书 名	作 者	定价(元)
【服装高等教育"十二五"部委级规划教材】		
Illustrator 服装款式设计与案例精析	陈良雨 陆琰 闫晶 编著	45.00
女装结构设计与产品开发	朱秀丽 吴巧英	42.00
现代服装材料学(第2版)	周璐瑛 王越平	36.00
运动鞋结构设计	高士刚	39.80
服装生产现场管理(第2版)	姜旺生 杨洋	32.00
新编服装材料学	杨晓旗 范福军	38.00
实用服装专业英语(第2版)	张小良	36.00
发式形象设计	徐莉	48.00
CAD 服装款式表达	高飞寅	35.00
服装产品设计：从企划出发的设计训练	于国瑞	45.00
运动鞋造型设计	魏伟 吴新星	39.80
形象设计概论	肖彬 编著	49.80
色彩设计与应用	陈蕾 编著	49.80
服装生产管理(第四版)(附盘)	万志琴 宋惠景	39.80
针织服装艺术设计(第2版)	沈雷 编著	39.80
服装厂与生产线设计	王雪筠 主编	32.00
童装结构设计与制板	马芳 李晓英 编著	39.80
人物速写	金泰洪 著	36.00
服装陈列设计师教程	穆芸 潘力 编著	68.00
一体化服装款式结构设计	梁军 袁大鹏 孔祥梅 著	45.00
服装材料与应用	陈娟芬 主编	48.00
服装生产工艺与流程(第2版)	陈霞 主编	45.00
纤维装饰艺术设计	高爱香 主编	49.80
服装面辅料测试与评价	陈丽华 编著	49.80
服装质量管理	王鸿霖 主编	36.00
服装生产管理实务	吴相昶 主编	29.80
中西服装发展史(第3版)	冯泽民、刘海清 编著	45.00
服装市场营销	杨志文 主编	39.80
服装面料与辅料(第2版)	濮微 编著	45.00
服饰图案设计	汤迪亚 主编	39.80
【服装高等教育"十二五"部委级规划教材(本科)】		
服装纸样与工业	刘美华 赵欲晓 编著	48.00
礼服设计与立体造型	魏静 等	39.80
服装工业制板与推板技术	吴清萍 黎蓉	39.80
服装表演基础	朱焕良	35.00
纺织服装前沿课程十二讲	陈莹	39.80
服装画表现技法	李明 胡迅	58.00
成衣设计与立体造型(附光盘1张	魏静	39.80
时装工业导论(附光盘1张)	郭建南	38.00
舞蹈服装设计	韩春启	68.00
创意空间	冯信群、刘晨澍、刘艳伟 编著	45.00
服装 CAD 应用教程(第2版)	陈建伟 主编	39.80
服装外贸与实务	范福军 钟建英 编著	39.80
服饰品陈列设计	金憓 主编	49.80

本　科　教　材

书　　名	作　　者	定价(元)
服装色彩学(第6版)	黄元庆 等 编著	35.00
服装立体造型实训教程	魏静 等 编著	38.00
服装整理学(第2版)	滑钧凯 主编	39.80
服装学概论(第2版)	李正 徐崔春 李玲 顾刚毅 编著	39.80
新编鞋靴设计与表现	王小雷 著	45.00
服装生产经营管理(第5版)	宁俊 主编	48.00
舞台服装效果图：丁梅先设计作品精选	韩春启 编	68.00
舞蹈服装设计	韩春启 编	68.00
服装表演策划与编导(附盘)	朱焕良 编著	45.00
服装素描技法	陈宇刚 主编	39.80
服装材料学(第5版)	朱松文 刘静伟 编著	36.00
服装立体造型习题集	魏静 等 著	29.80
服装纸样与工艺	刘美华、赵欲晓 编著	48.00
女装结构设计与应用	尹红 主编 金枝、陈红珊、张植屹 副主编	35.00
一体化服装设计应用教程(裙/裤篇)	陈贤昌 曾丽 编著	45.00
针织服装结构与工艺	金枝 主编	38.00
【普通高等教育"十一五"国家级规划教材】		
毛皮与毛皮服装创新设计(第2版)	刁梅	49.80
服装舒适性与功能(第2版)	张渭源	28.00
服装品牌广告设计	贾荣林 王蕴强	35.00
服装工业制板(第2版)	潘波 赵欲晓	32.00
服装材料学·基础篇(附盘)	吴微微	35.00
服装材料学·应用篇(附盘)	吴微微	32.00
服饰配件艺术(第3版)(附盘)	许星	36.00
时装画技法	邹游	49.80
服装展示设计(附盘)	张立	38.00
化妆基础(附盘)	徐家华	58.00
服装概论(附盘)	华梅 周梦	36.00
服饰搭配艺术(附盘)	王渊	32.00
服装面料艺术再造(附盘)	梁惠娥	36.00
服装纸样设计原理与应用·男装编(附盘)	刘瑞璞	39.80
服装纸样设计原理与应用·女装编(附盘)	刘瑞璞	48.00
中西服装发展史(第二版)(附盘)	冯泽民 刘海清	39.80
西方服装史(第二版)(附盘)	华梅 要彬	39.80
中国服装史(附盘)	华梅	32.00
中国服饰文化(第二版)(附盘)	张志春	39.00
服装美学(第二版)(附盘)	华梅	38.00
服装美学教程(附盘)	徐宏力 关志坤	42.00
针织服装设计(附盘)	谭磊	39.80
成衣工艺学(第三版)(附盘)	张文斌	39.80
服装CAD应用教程(附盘)	陈建伟	39.80
服装立体裁剪(第2版)	张文斌	39.80
服饰搭配艺术(附盘)(第2版)	王渊 编著	38.00
服装素描技法	陈宇刚 主编	39.80

本　科　教　材

书目：服装

书　名	作　者	定价(元)
【日本文化女子大学服装讲座】		
服装造型学·理论篇	[日] 三吉 满智子	48.00
服装造型学·技术篇 III(礼服篇)	[日] 中屋 典子	36.00
服装造型学·技术篇 III(特殊材质篇)	[日] 中屋 典子	30.00
服装造型学·技术篇 I	[日] 中屋 典子	45.00
服装造型学·技术篇 II	[日] 中屋 典子	48.00
【国际服装丛书·设计】		
时装设计元素:面料与设计	[英]杰妮·阿黛尔著 朱方龙译	49.80
时装·品牌·设计师——从服装设计到品牌运营	[英]托比·迈德斯著 杜冰冰译	45.00
时装设计元素:结构与工艺	[英]安妮特·费舍尔著 刘莉译	49.80
时装设计元素:拓展系列设计	[英]艾丽诺·伦弗鲁 科林·伦弗鲁 著 袁燕 张雅毅 译	49.80
时装设计元素:时装画	[英]约翰·霍普金斯著 沈琳琳 崔荣荣译	49.80
时装设计元素:款式与造型	[英]西蒙· 卓沃斯 - 斯宾塞	42.00
时装设计元素:调研与设计	[英]西蒙·希弗瑞特	49.80
时装设计元素	[英]索格·阿黛尔	48.00
色彩预测与服装流行	[英]特蕾西 ·黛安	34.00
服装设计实务	[韩]李好定	48.00
人体与服装	[日]中泽愈	35.00
时装设计:过程、创新与实践	郭平建 译	30.00
时装画技法	[德] A.L. ARNOLD 陈仑	40.00
美国经典时装画技法——基础篇	徐迅 译	49.00
美国经典时装画技法——提高篇	[美]史蒂文 - 斯提贝 尔曼	49.00
服装·产业·设计师(第五版)	苏洁 等译	49.00
英国实用时装画(英国时装画技法)	[英]贝珊·莫里斯著 赵妍 麻湘萍译	68.00
汉英英汉服装分类词汇(第 2 版)	周叔安	23.00
英汉纺织服装商贸词汇	张坚	128.00
汉英英汉服饰外贸跟单分类词汇	金壮	88.00
英汉汉英鞋业分类词汇	丘理	80.00
日汉服装服饰词汇(修订版)	刘德章	80.00
仙童英汉双解服饰词典(第二版)	[美]夏洛特 ·曼基 ·卡拉	98.00
现代英汉服装词汇	王传铭	50.00
汉英服装服饰词汇	王传铭	80.00
英汉纺织服装缩略语词汇	袁雨庭	80.00
中国服装企业大全 2004.2005(#)	赵云川 等	300.00
汉英英汉服装分类词汇(第 3 版)	周叔安	25.00

本
科
教
材

工
具
书

注:注:若本书目中的价格与成书价格不同,则以成书价格为准。中国纺织出版社天猫旗舰店电话:
　(010)87155890。或登陆我们的网站查询最新书目:
　中国纺织出版社网址:www.c‑textilep.com